基于模型的系统工程实用方法

Practical Model – Based Systems Engineering

[美] 何塞·L. 费尔南德斯 (Jose L. Fernandez)
卡洛斯·埃尔南德斯 (Carlos Hernandez) 著

王春民 译

中国宇航出版社

·北京·

First published in English under the title

Practical Model - Based Systems Engineering

by Jose L. Fernandez and Carlos Hernandez，edition：1

ISBN - 13：978 - 1 - 63081 - 579 - 0

© 2019 ARTECH HOUSE

685 Canton Street

Norwood，MA 02062

著作权合同登记号：图字：01－2024－0667 号

版权所有　侵权必究

图书在版编目（CIP）数据

基于模型的系统工程实用方法 ／（美）何塞·L. 费尔南德斯（Jose L. Fernandez），（美）卡洛斯·埃尔南德斯（Carlos Hernandez）著 ; 王春民译. -- 北京 : 中国宇航出版社，2024. 6. -- ISBN 978-7-5159-2398-7

Ⅰ．N945

中国国家版本馆 CIP 数据核字第 20242JE307 号

责任编辑　赵宏颖　　封面设计　王晓武

出　版
发　行　**中国宇航出版社**

社　址	北京市阜成路 8 号　邮　编　100830	版　次	2024 年 6 月第 1 版
	(010)68768548		2024 年 6 月第 1 次印刷
网　址	www.caphbook.com	规　格	787×1092
经　销	新华书店	开　本	1/16
发行部	(010)68767386　(010)68371900	印　张	13.25
	(010)68767382　(010)88100613（传真）	字　数	322 千字
零售店	读者服务部　(010)68371105	书　号	ISBN 978 - 7 - 5159 - 2398 - 7
承　印	北京中科印刷有限公司	定　价	80.00 元

本书如有印装质量问题，可与发行部联系调换

译者序

为应对复杂系统研发成本、研发周期、上下游信息一致性等问题带来的挑战，国际系统工程协会（INCOSE）在 2006 年发起、2007 年发布的《SE 愿景 2020》中提出并定义了基于模型的系统工程（MBSE）的概念。

本书的主要目标是为系统工程师、相关从业者或 MBSE 初学者详述 MBSE 的相关概念与建模方法 ISE＆PPOOA（Integrated System Engineering and Pipelinse of Processes in Object－Oriented Architectures）的具体内容，由浅入深，循序渐进。ISE ＆ PPOOA 方法是经过 25 年以上研发实践所提炼的成果，集成了基于模型的系统与软件方法开发复杂产品。

首先，本书从系统工程的角度切入，给读者详述了什么是系统工程，什么是基于模型的系统工程，以及阅读此书的一些建议。然后，在读者有一定了解后（如果读者对 MBSE 有一定了解，可以从第四章开始阅读），本书讲解了 ISE＆PPOOA 方法的理论知识。最后，作者给出了不同领域的实践案例，方便读者对 ISE＆PPOOA 方法进行理解。

总之，无论是 MBSE 相关行业的从业者还是对 MBSE 感兴趣的工程人员，这本书都极具参考价值，其中的 MBSE 相关概念和 ISE ＆ PPOOA 方法等都会让读者受益匪浅。读者可以把它当做 ISE ＆ PPOOA 方法的教程，也可以当成 MBSE 相关流程的参考手册。

最后，译者衷心感谢 Artech House 公司和中国宇航出版社的大力支持。在本书的翻译过程中，航天领域的有关同事在文字校对、格式审查等方面付出了宝贵的时间和精力，在此表示感谢。

由于译者水平有限，译文中难免会出现不准确之处，欢迎各位读者批评指正。

译者
2024 年 6 月

前　言

本书的主要目标是为系统工程师和从业者提供集成系统工程和面向对象架构方法中的流程（Integrated Systems Engineering and Pipelines of Processes in Object – Oriented Architectures，ISE & PPOOA）方法的分析、设计和建模工具。该方法将基于模型的系统和软件工程方法结合在一起，用于进行复杂产品的开发。本书的另一目标，是利用基于模型的系统工程（Model – based systems engineering，MBSE）方法和 SysML 语言的优势实现高质量的设计，避免全面开展 MBSE 的复杂性。因此，我们使用了一套 SysML 概念，最终目的是为读者提供足够的学习案例，使他们能够将 ISE & PPOOA 和 SysML 示意图应用于自己的系统工程活动中。

ISE & PPOOA 是经过 25 年以上研发取得的成果。PPOOA 是 20 世纪 90 年代末为实时系统创建的一种软件架构框架，它提出了构建元素的词汇表，以及如何在构建实时系统的软件架构时使用这些元素。

关于 PPOOA 的开创性论文发表于 1998 年（第五届国际软件重用会议，加拿大维多利亚，IEEE1998），题为"一种面向对象的实时系统的架构形式"。本文首次提出 PPOOA 并描述了其框架，强调了协调机制的使用方法以及为该框架设计的架构指南。

PPOOA 是在 UML 标准发布之前开发的，随着 UML 的普及，作者意识到使用 UML 语言的重要性。随后，在欧盟第五框架计划的部分资助下，完成了 CARTSIST 项目，在该项目中，为基于 PPOOA 的实时系统开发了 UML 配置文件，以及一个称为 PPOOA 的架构过程（PPOOA _ AP）。PPOOA 和 PPOOA _ AP 在由 CARTS 项目（1999—2001）的工业合作伙伴开发的自主机器人和地面空间系统中得到了验证。

2004 年，PPOOA 作为通用绘图工具在 MicrosoftVisio 中实现应用，提供了实现多种工程方法的机制，并为商业 CASE 提供了良好的工具，这些工具支持 UML 表示法以及 PPOOA 的语义和元模型。

在软件生命周期的早期阶段（例如在架构阶段之后）预测软件性能，并基于 UML 模型对其进行评估是一种有效方法，可以节省后期系统测试和软件修复阶段的费用。PPOOACASE 工具使用了一种新模块（Visio 插件），该模块将系统的 PPOOA _ UML 架构图转换为可由 Cheddar 读取的 XML 文件。Cheddar 是由布列斯特大学（法国）开发的一种调度分析器和模拟工具。随后通过新功能对 PPOOA 工具进行了增强,例如使用智能代理来指导软件架构师,并在架构开发阶段进行早期的死锁检测。

最后,PPOOA 软件架构被扩展用于软件密集型及非密集型的复杂产品或系统开发。新的 MBSE 被称为面向对象架构方法中的流程(ISE & PPOOA)。

ISE & PPOOA 是为使用 SysML 符号标准子集的独立工具而创建的。

该过程的 ISE 部分包括适用于任何类型系统的系统工程过程的第一步,而不仅仅是软件密集型系统。ISE 子流程集成了传统的系统工程最佳实践和 MBSE。

PPOOA 部分支持在集成流程中尽可能早地进行并发建模。ISE & PPOOA 提供了一系列指导方针和启发式方法帮助工程师构建系统。

ISE & PPOOA 提供的主要成果之一是使用 SysML 块定义图功能层次结构的功能架构。该图与主要系统功能流的活动图相辅相成。N² 图表被用作识别主功能接口的界面图。系统功能的文本描述也作为一部分可提供的成果。

该流程提供的另一个产出是物理架构,它使用 SysML 块定义图将系统分解为子系统和部件。该图补充了每个子系统的 SysML 内部框图以及所需的活动图和状态图。此外,该流程还提供了系统块的文字说明,用于确定和记录特定体系结构的解决方案。

软件子系统架构在 PPOOA 中使用两个视图进行描述,这两个视图由一个或多个使用 UML 符号的图表表达,一个是静态的结构视图,另一个是动态的行为视图。系统架构图除了表示系统组件以及它们之间的组成和使用关系之外,还表示用作连接器的协调机制。UML/SysML 活动图支持系统的行为视图,它表示系统响应事件而执行动作流的内部视图。ISE & PPOOA/energy 是这种 MBSE 方法的最新流程,用于处理过程中的能效问题。

致　谢

作者希望感谢那些为基于模型的方法、SysML 和所有系统工程做出贡献的工程师和组织机构。如果没有他们前期的工作和思想就不可能有这本书。

作者特别感谢本书审稿人提出的宝贵意见。

作者还感谢阿泰切出版社（Artech House）的工作人员，特别是 Soraya Nair、Aileen Storry 和 Kathryn Klotz，他们在我们需要鼓励的时候给予了大力支持。

Jose L. Fernandez 对以下个人和组织表示感谢：

1) SEI/卡内基梅隆大学提供了研究实时系统协调机制分类的机会。欧盟委员会通过 CARTS 项目资助了对实时系统软件架构的部分研究。

2) INCOSE MBSE 小组和 OMG 提供了在 OMG MBSE 上展示 ISE & PPOOA 的机会。

3) 许多工程师和马德里理工大学的一些教授和学生通过出版物、工具和应用示例在 ISE & PPOOA 的研究和开发中提供了合作与帮助。尤其感谢 Juan A. De la Puente，Juan C. Dueñas，Silvia Palanca，Miguel A Aranda，Juan C. Martínez，Antonio Monzón，Bill J. Mason，Jean Barroso，Eduardo Esteban，Laura Sanz，Javier Carracedo，Gloria Mármol，Enrique Martin，Agatha Puigdueta，Noelia Delgado，Mario García，Patricio Gómez，Guillermo Moreno，Ignacio Cantón，Rubén Sancho，Fátima Cadahia，Alfonso Garcia，Borja Martínez，Monica Diez 和 Darío Nicolás 等。

非常感谢合著者 Carlos 以及在本书的一些示例的开发过程中发挥重要作用的 Juan、Alberto 和 Leticia。

最后，我要感谢我的家人，在我无法陪伴他们的时候所给予我的耐心和理解。

Carlos Hernandez 对以下个人和组织表示感谢：

1) Martijn Wisse 教授、代尔夫特理工大学和欧盟委员会，他们通过"工厂一日（Factory-in-a-day）"和 ROSIN 项目一直支持我对高级机器人应用设计的研究。马德里理工大学自动系统实验室的同事 Ricardo Sanz，Julia Bermejo，Manuel Rodriguez，Guadalupe Sanchez 以及 Ignacio Lopez，他们花费了大量时间与我讨论系统、功能、本体论和认识论工程。

2）代尔夫特的同事 Mukunda Bhaharatheesha 和 Gijsvander Hoorn，感谢他们在应用程序开发和设计方面花费了大量宝贵的时间与我交流。

我要感谢我的家人和朋友，特别是我心爱的 Marjolein，感谢他们一直以来的支持和耐心。

最后，我还要感谢 Jose Luis 的指导和友谊，我很高兴能每天从他那里学到关于工程、热情、努力工作和诚信的新课程。

目　录

第 1 章　绪　论

本章向读者介绍本书，包括本书的目标、受众群体、内容，以及阅读和使用本书的不同方式等。

1.1　本书目标和受众群体

本书的主要目标是为系统工程师和从业者提供 ISE & PPOOA 方法的分析、设计和建模工具。正如 Estefan 所定义的，"基于模型的系统工程（MBSE）方法可以定义为用于在基于模型或模型驱动的背景中支持系统工程学科的相关过程、方法和工具的集合"[1]。

ISE&PPOOA 集成了基于模型的系统与软件工程的方法来开发复杂产品。本书也提供了一些示例来解释如何运用这个方法。

第二个目标是通过 MBSE 方法和系统建模语言（SysML）的优势，进行信息传递并实现一个高质量的设计，避免全面实施 MBSE 的负担和复杂性。因此，我们使用 SysML 架构的一个子集，如附录 A 所述。对于系统中的软件元素，我们使用统一建模语言（UML）符号的扩展，它已被开发为 PPOOA 架构框架的一部分。同时也提供了一些系统模型的图表辅以文本描述，其中文本描述主要以表格的形式呈现，有助于更好地理解这些概念。

本书的最终目标是提供足够的示例和练习，以阐明所使用的 SysML 模型图、ISE & PPOOA 应用程序的使用方法以及在定义系统时所需完成的工作。

当我们向读者呈现 MBSE 方法时，其实是在提供一种解决工程问题的思维方式，其中如何识别要开发的产品的功能和质量属性是提出解决方案中的主要问题。

可以说，ISE & PPOOA 是一种需求驱动的和基于模型的系统工程方法，其主要成果是要开发的产品、系统或服务的功能和物理架构。在某些情况下，产品、系统或服务是软件密集型的，例如第 9 章的协作机器人示例；在另外一些情况下，可以将方法应用在一些非软件密集型的子系统，例如第 8 章中介绍的无人驾驶飞行器的电气子系统。

在一个组织或者一个团体中使用一个方法论的主要障碍之一，是人们可能认为使用该方法会阻碍开发团队发挥创造性和灵活性，其实情况并非如此。学校里的本科生和研究生以及工业界的系统工程从业者的经验表明，该方法有助于引导他们的工作取得重要的项目成果，但具有创造力和掌握应用领域的知识仍然是团队成员的必要能力。

创造性是 ISE & PPOOA 方法论的一部分，因为它提倡使用启发式方法而不是采用正式程序的严格规则（第 6 章），遵从著名的沙利文建筑原则——"形式服从功能"，从功能架构构建物理架构。

　　具有相同功能的建筑物是否具有相同的结构？很明显，答案是否定的。系统也是如此。具有相同功能的商用飞机可能相似也可能不同。例如，波音和空客作为商用飞机制造商，对"控制舱和驾驶舱环境"功能的实现方式是不同的。

　　目前，灵活性也是一个主要问题。正如我们在第 12 章中所解释的，灵活的开发方法与本书中介绍的 ISE & PPOOA 方法兼容，因此 ISE & PPOOA 可以与第 12 章中总结和引用的一些众所周知的可扩展灵活方法一起使用。

　　本书对以下几类读者很有用处：系统工程的研究生和本科生可以将其用作指导课本；尝试应用 MBSE 的有经验的系统工程师，在开发系统模型时可以学习如何思考；机械、电气、软件、安全和物流等专业工程师，可以将本书用作 MBSE 的入门指南，帮助他们理解系统模型中捕获的信息。

　　本书的另一个重要的受众群体是对能源效率感兴趣的加工厂的工程师，他们可以使用 ISE & PPOOA/Energy（第 10 章）来创建加工厂的整体系统模型，用于评估加工厂质量和能源平衡的精细化程度。

1.2　本书内容

　　除了这一介绍性章节外，本书还有四个部分和两个附录。

　　第 1 部分，也就是"基础部分"，由第 2 章和第 3 章组成，将经典系统工程和基于模型的系统工程描述为系统工程的新范例，促进模型而不是普通文档的使用。

　　第 2 章"系统工程"将传统系统工程描述为一个框架，它结合了不同的工程专业用来开发复杂产品。复杂产品可被视为一个具有生命周期的系统。可以使用本章中总结的备选方法进行系统开发。

　　第 3 章"基于模型的系统工程"提供了 MBSE 的实用概述，解释了它的优势（为什么），介绍了模型的基本概念（什么）和 MBSE 的主要内容（如何）：建模语言、方法，最后简要讨论了 MBSE 工具。

　　第 2 部分，也就是"方法论部分"，由第 4 章至第 7 章组成，描述 ISE & PPOOA 概念模型和过程，如何创建功能架构，促进使用启发式方法创建物理架构来分配已识别的功能，并在细化的架构中实现先前指定的非功能性需求。

　　第 4 章"ISE & PPOOA 方法"描述了 ISE & PPOOA 方法论，该方法论促进了集成系统工程和软件架构的 MBSE 方法。该方法的主要关注点是如何处理功能分配、非功能需求实现，以及接口规范和设计。本章通过其概念模型及其过程主要步骤和可交付成果的定义来描述该方法，介绍了名为 ISE & PPOOA/energy 的能效评估扩展。

　　第 5 章"功能架构"描述了系统功能架构的特征和建模，这是 ISE & PPOOA 方法论的核心模型成果。本章强调功能架构是独立于技术解决方案的系统行为。

　　第 6 章"系统工程中应用的启发式方法"，提供了一系列通用启发式方法和质量属性启发式方法，用于根据需求（尤其是非功能性问题）指定的主要关注点开发系统解决方案。

第 7 章 "物理架构"，涉及工程系统物理体系结构的创建。本章讨论了物理架构中使用的构建块，然后以模块化为目标，解释在功能架构中识别的功能到物理构建块的分配。应用选定的启发式方法，获得优化的物理架构并解释，重点是连接构建块的逻辑和物理连接件。最后将域模型作为从系统物理体系结构到软件子系统体系结构的桥梁，并讨论了软件组件在体系结构中的作用。

第 3 部分，也就是 "示例"，由第 8 至第 10 章组成，说明了 ISE & PPOOA 在三个不同示例中的应用。第一个示例与航空航天领域和无人机（UAV）相关，对真实固定翼无人机的电气子系统进行建模。第二个示例是协作机器人示例，主要关注系统行为和软件架构的建模。第三个示例是燃煤电厂的能源效率评估，ISE & PPOOA/energy 对燃煤电厂进行建模，已达到解决质量和能量平衡所需的细化程度。

第 8 章 "应用示例：无人机-电气子系统"，说明了如何使用 ISE & PPOOA 方法来设计 Aurea Avionics 的 SeekerUAS，这是一种轻型固定翼无人机，旨在支持和覆盖情报、监视和侦察（ISR）任务。本示例描述了电气子系统设计，该设计不是软件密集型，且与其他子系统相比显示出一些独有的特征。

第 9 章 "应用示例：协作机器人"，讨论了协作机器人应用程序的任务维度，应用 ISE & PPOOA 来识别机器人的操作场景并指定系统能力和高级功能要求。通过迭代来识别实现能力所需的功能，并将其分解为子功能来获得体系架构。然后，它描述了机器人系统构建元素的功能分配，并通过应用所选择的启发式方法来细化最终生成的物理架构。用于制造的柔性机器人解决方案是软件密集型的，因此本章介绍了如何应用 PPOOA 架构子流程来获得协作机器人的软件架构，该架构是使用 PPOOA 软件相关的启发式方法进行细化改进的。

第 10 章 "应用示例：燃煤发电厂蒸汽产生过程的能源效率"，描述了 ISE & PPOOA/能源系统方法的应用示例，该方法结合物质和能量平衡方程评估工业设备或其部分的效率，并具有一定的细化程度，使该分析水平能够适应特定工业设施可用的过程数据、方程、图形、表格和其他相关性。在本例中，选择了 350 MW 机组中的一个子系统分析了燃煤电厂的蒸汽生成。

第 4 部分 "其他值得关注的主题"，讨论了除本书核心部分（第 2 部分和第 3 部分）之外，还有我们认为值得关注的其他主题。包括权衡分析、敏捷开发、模型检查，以及有关如何在组织中应用 MBSE 方法的一些建议。

第 11 章 "权衡分析"，将权衡分析描述为系统工程师探索系统解决方案的一个复杂而有趣的议题，并建议将其用作 ISE & PPOOA 方法提出的启发式方法的补充。

第 12 章 "其他感兴趣的主题与后续步骤"，由于敏捷开发正处于发展阶段，尤其是软件开发的市场占有率很高。本章说明了 ISE & PPOOA 方法可以集成并用于敏捷开发项目。体系结构评估，特别是模型检查仍然是一个研究中的问题，当相关支撑工具可用时它仍是很有效的。本章最后一节向读者推荐了在其研究团队中应用 ISE & PPOOA 方法以使用 MBSE 的后续步骤。

附录 A "SysML 符号"描述了 ISE & PPOOA 方法如何使用 SysML 构造的子集。需要指出的是它并不是对 SysML 标准的完整描述。

附录 B "需求框架"是关于需求分类、规范和流程以及如何在 ISE & PPOOA 方法中完成的简要实用指南。

1.3　关于本书的阅读方式建议

您可以按照章节顺序完整阅读本书，同时也可根据您在系统工程方面的前期经验，以及本书前文介绍的 MBSE 各类方法进行选择性阅读。

对于第 1.1 节中所提到的受众群体，我们提出了多种阅读本书的途径（表 1-1）。

表 1-1　本书阅读的顺序

系统工程的学生	对 MBSE 感兴趣且有专业经验的系统工程师	专业工程师	制造工程师
第 2 章	第 3 章	第 3 章	第 2 章
第 3 章	附录 A	附录 A	第 3 章
附录 A	第 4 章	第 4 章	附录 A
第 4 章	第 6 章	第 5 章	第 4 章
第 5 章	第 7 章	第 7 章	第 5 章
附录 B	第 11 章	第 8 章	第 7 章
第 6 章	第 8 章	第 9 章	第 10 章
第 7 章	第 9 章		
第 11 章	第 12 章		
第 8 章			
第 9 章			
第 12 章			

参 考 文 献

［1］ Estefan J A. Survey of Model‐Based Systems Engineering（MBSE）Methodologies. INCOSE‐TD‐2007‐003‐01 Version/Revision：B，Seattle，WA：International Council on systems Engineering（INCOSE），2008.

第2章 系统工程

系统工程是将不同工程专业结合起来开发复杂产品的框架。复杂产品可被看作一个具有生命周期的系统，可以使用多种不同的方法进行系统开发。本章介绍什么是系统、系统的特性和生命周期、系统工程的关键任务以及系统开发方法。

2.1 系统的定义与特性

随着当前工程系统越来越庞大，其实现的复杂性也在不断提升。大型土建工程和交通基础设施，如公路、铁路、机场、港口和其他工程，其大规模的特点显而易见。航空航天领域的规模也有不断扩大的趋势，如空客 A380 或波音 747 - 8 最近的发展就是例证。但规模并不是决定系统是否难以实现或无法实现的唯一因素。小型系统与内部和外部交互相关的复杂性，以及结合各种工程学科和专业的需要，使得小型系统（例如无人机、汽车、打印机或手术机器人）的工程和开发变得更加困难，并且随着市场需求的提升，留给其开发和生产的时间也越来越短。

因此，在定义"系统工程"之前，了解系统的含义，并确定系统的主要特征（通常与系统规模无关）是非常重要的。

文献中对系统有许多不同的定义，这些定义在将系统视为一个整体时其内涵是一致的，在其他工程学科中不存在所谓的整体观。为便于说明，这里给出一些广泛流行的系统定义。

国际系统工程委员会（INCOSE）[1] 将系统定义为"实现既定目标的一组集成元素、子系统或组件的集合。这些元素包括产品、过程、人员、信息、技术、设施、服务和其他运维元素"。

美国国家航空航天局（NASA）[2] 为系统提供了两种定义：

1）共同发挥作用以产生满足需求能力的要素组合。这些要素包括为此目的所需的所有硬件、软件、设备、设施、人员、过程和程序。

2）构成系统的最终产品（执行操作功能）和支持产品（为操作最终产品提供生命周期支持服务）。

国际标准组织（ISO）[3] 将系统定义为"为实现一个或多个既定目标而组织的交互元素的组合"。

从上述定义可以看出系统是相互作用的元素组合，它们共同作用以实现目标。系统不仅仅是一种产品，还可以包括人员、过程、设施和其他运维要素。

如何描述系统的特性？首先应确定当前系统的属性，然后再考虑新系统所需的新属性。

　　1）系统有层次结构，由许多主要的交互要素组成，这些要素通常称为组件，这些组件本身可能由更简单的功能实体或简单的部分组成。例如，电气与电子工程师协会（IEEE）标准1220[4]将系统视为产品及其开发、测试、制造和支持过程的集合。如图2-1所示，产品被分解为子系统，子系统可被分解为可能包含组件和子组件的集合。在 ISE & PPOOA 流程（第4章）中，将组件视为简单零件的组合。计算机硬件配置项和计算机软件配置项是复合部件的示例。

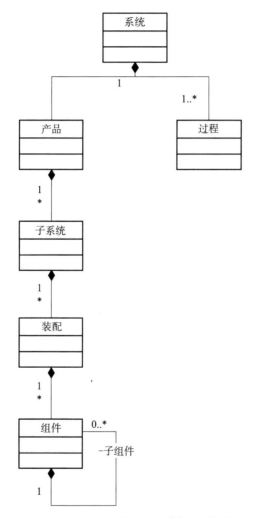

图 2-1　基于 IEEE 标准 1220[4] 的系统构架

　　2）系统是一个整体，其属性是其各部分的属性以及相互作用的结果，这种特性称为突发性，Hitchins[5]认为它可能在不同的系统级别上都可观察到。突发性可能与行为、功能或质量属性有关，例如系统的可靠性可从各部分的配置中体现出来。

　　3）系统的运行环境由所处环境和其他系统组成。运行环境包括外部用户、外部系统、自然环境、风险和资源等[6]。

4）除了功能和性能之外，系统还具有取决于其本身用途的质量属性，如可维护性、可靠性、可互操作性等。

5）系统的生命周期是从预备和概念阶段到退役阶段。

所有系统都可能具有工程师无法预测的突发性。突发性的一个例子是它的恢复性（第6章）。恢复性是一个关键的系统属性，在组件层级没有意义，但在整个系统级具有意义。

如图2-1所示，21世纪的系统通常不是单一系统，它们是较大系统的相互关联的结果。一些新系统，例如移动机器人，需要能够自主修复或适应环境变化。因此，正如一些INCOSE专家所提议的，未来的系统将具有自适应性、恢复性，并且是包括产品、服务和企业并整合技术、社会和环境要素的"大系统"的一部分[7]。

2.2　系统的生命周期

ISO 15288：2002[8]第一版提出了从概念阶段到退役阶段的系统生命周期（图2-2）。

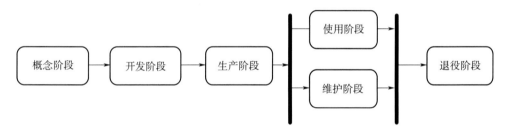

图 2-2　系统生命周期

在概念阶段，首先要建立对新系统的需求，然后开展多种相关任务需求研究，如分析、可行性评估、成本测算、权衡研究以及实验和演示等。在此过程中，可以确定和评估一种或多种解决方案。

概念阶段的典型输出是利益相关方的需求、运营方案、可行性评估、风险分析，以及设计解决方案的大纲。

开发阶段需要提供足够多的系统需求和设计方案，才能将其转化为可行的产品。在此阶段，还需要对接口进行定义、设计、构建、集成以及测试是否适用。同时还要确定制造、培训和支持服务等方面的要求。

开发阶段的典型输出包括系统架构、生产计划、操作说明、操作员培训手册、维护程序、后续阶段的成本测算、风险登记册更新以及后续阶段所需的赋能过程的定义。

生产阶段从批准该系统的生产开始。该系统可能只生产一件，也可能会量产。在此阶段，产品可能会进一步改进或重新设计。主要输出形式是制造的产品，但也会输出一些与产品转移和质量问题相关的可交付成果。

在系统安装完成并移交给用户后就正式进入使用阶段，系统在使用现场运行。在这个阶段，系统可以不断改进，从而产生不同的配置。当系统停止运行时，此阶段结束。本阶段的主要输出是部署的系统、性能和成本报告的监控，以及计划和退出的标准。

　　维护阶段从维护和后勤供应开始，包括与运维系统和服务相关的流程。该阶段的输出包括有效的维护和支持人员、产品维护和后勤支持。

　　在图 2-2 中，使用阶段和维护阶段是并行进行的。ISO 15288[8] 指出，这两个阶段也可能与生产阶段重叠。

　　退役阶段是对系统及其操作和支持服务进行移除。该阶段的主要输出都与系统退役相关，包括根据适用的法律法规进行处置、翻新或回收。其中主要问题是已制品清除和操作人员的重新分配。

2.3　系统工程

　　系统工程作为一门主要用于处理复杂任务的学科，其组成部分的外部或内部构件间具有许多交互作用。因此，处理复杂任务意味着处理以不同方式交互的机械、电气或软件密集型的不同部件。

　　文献中对系统工程有多种定义。为了简洁易懂，我们在这里采用了 NASA、INCOSE 和 IEEE 的定义。

　　NASA 手册将系统工程定义为："系统的设计、实现、技术管理、运营和退役的系统性、多学科方法"[2]。

　　NASA 手册还将系统工程定义为："一门融合了艺术和科学的学科，用于开发能够在矛盾的约束条件下满足要求的可操作系统"[2]。

　　INCOSE 手册将系统工程定义为："实现成功系统的跨学科方法和手段"[1]。

　　INCOSE 系统工程方法侧重于在开发周期的早期定义客户需求和所需的功能，然后进行系统整体的设计集成和验证[1]。

　　作为其摘要的一部分，IEEE Std.1220 对系统工程的描述如下："跨学科任务，在系统的整个生命周期中，都需要将客户需求和约束转化为系统解决方案"[4]。

　　作为人类常识的一部分，系统方法比系统工程更古老。亚里士多德定义了整体大于部分之和的部分与整体理论。圣保罗基于希腊的传统，在他写给克里斯蒂安的第一封信中将新生的系统描述为一个包含对其使命具有同样重要作用的机构。贝塔朗菲对系统理论的贡献是奠基性的，他认为生物体是一个具有稳定状态的开放系统[9]。

　　系统工程的现代起源可以追溯到 1937 年，当时英国创建了一个多学科团队分析他们的防空系统。表 2-1 总结了系统工程作为一门学科在发展过程中的里程碑事件。

表 2-1　系统工程作为学科的里程碑事件

时间	事件
1940	系统工程术语被贝尔电话实验室首次使用
1939—1945	美国防空导弹系统 NIKE 项目开发

续表

时间	事件
1951—1980	防空系统 SAGE 项目
1956	由兰德公司进行的系统分析
1962	A. D. 霍尔·埃德·范·诺斯特兰德出版系统工程方法论
1990	INCOSE 成立
2006	SysML 标准发布
2008	ISO/IEC/IEEE15288:2008 系统工程概念的协调

2.3.1　对系统工程的需求

系统工程可能对各种项目都有所帮助，因为对问题的分析和解决方案的综合评估是工程活动的一部分。这样可以更好地了解项目范围，节省的成本和时间超过了在组织中实施系统工程流程和工具的产生成本。

复杂性高的系统特别需要使用系统工程的微分因素。复杂系统不仅是一个技术问题，克希亚科夫等人[10]还识别了其开发、测试和应用系统工程的最佳实践的系统或产品的特征，分别如下：

1）它是一种满足需求的工程产品；

2）产品包含交互性和多样化的组件，例如包含机械组件、电子组件和软件组件的机电一体化产品；

3）使用了一些涉及开发风险的先进技术。

这类系统的例子包括商用飞机、复杂的农业机械或发电厂。

如今，越来越多的产品需要系统工程方法，例如集成信息和通信技术的智能产品。正如 Shamieh[11] 所描述的，智能产品开发需要解决以下问题：

1）智能产品的开发涉及多个技术领域；

2）软件是智能产品的重要组成部分；

3）软件需要与硬件集成；

4）系统或智能产品与其他系统交互；

5）监管问题较为重要；

6）项目复杂性问题。

智能产品的例子包括智能汽车、自主式机器人和无人机。

2.3.2　系统工程的主要任务

Eisner[12] 为传统系统工程及其管理提出了多种任务。他将这些复杂的任务称为系统工程的 30 个要素。我们使用他的列表，以及系统工程标准[3,4,13]和系统工程知识体系指南（SEBoK）[14]在表 2 - 2 中简要描述其要素。显然这些复杂的任务是相互依赖的，可能被拆分为子任务，并且它们之间也可能发生重叠。

表 2 - 2　系统工程与管理的任务

任务	任务描述
需求识别,目标和目的 设计使命	与用户或客户确认需求、目标和目的的陈述是正确的,分析系统的预期任务,正如 ISO15288—2008[3]所述,ConOps 用于从集成系统的角度描述用户组织、任务和组织目标
需求分析与分配	作为需求工程的一部分,它们的分析和分配是一个主要问题
功能分析和功能分解 解决方案设计与综合	识别系统功能,然后表示它们的层次结构和主要功能流程如 ISO 15288—2008[3]所述,这里的任务是定义和表示替代解决方案架构
备选方案分析与评价	考虑以前的任务,这里的任务是分析和评估替代解决方案架构
技术性能测量	如 ANSI/EIA 632 所述,确定将用于确定系统或其某些部分是否成功的技术性能指标,获得管理重点并使用技术性能测量(TPM)程序进行跟踪[13]
生命周期成本管理	系统生命周期成本包括三个主要类别: 1)研究、开发、测试和评估; 2)收购或采购; 3)运营和维护
风险分析 并行工程	识别、分析、处理和监控成本、进度与技术风险;Eisner 认为并行工程是一种贡献,而不是系统工程的替代品[12];IEEE 标准 1220 建议并行工程应整合产品和流程开发以确保产品是可生产的、可用的和可支持的[4]
开发规范	作为系统设计和需求流程的一部分,详细说明了系统、子系统或组件级别的规范
硬件、软件和人体工程学	Eisner 提出了这三个维度:硬件、软件和人与子系统设计[12]
交互管理	系统的外部和内部接口的管理是一个关键问题;管理包括接口分类、定义和接口开发控制
计算机工具评估与利用	目前,计算机工具用于系统建模、仿真和评估,裁剪和维护系统开发中使用的工具是一个问题
技术数据管理和文档	Eisner 定义了与技术数据管理和文档相关的两个主要任务,一是管理开发项目产生的大量数据,这些数据可能有多种形式;另一种是系统文档的有效制作[12]
综合后勤支持(ILS)	ILS 考将支持集成到系统设计中,制定支持要求,获取所需支持,并在系统运行阶段提供支持
可靠性、可用性和 可维护性(内存)	正如 SEBoK 中提到的,RAM 是在整个开发生命周期中应考虑的固有产品或系统属性[14];系统开发期间的可靠性工程旨在通过启发式和设计模式(例如冗余、多样性、内置测试、高级诊断和模块化)来提高系统稳健性,以实现快速的物理更换;增加的可维护性意味着更短的系统修复时间;随着设计的进行,系统 RAM 特性会不断被评估;部署系统后,应监控其可靠性和可用性
集成	集成是将系统部分组合成更复杂或更大的部分的活动,这些较大的部件完成,它们将被测试;得到的系统与架构设计是一致的;记录集成操作导致的不符合项
验证和确认	验证确认系统满足指定的设计要求;根据 ISO152888—2008,计划和执行验证,确保相关设施、设备和操作员准备好进行验证,并分析、记录差异和纠正措施信息[3];验证提供客观证据,证明系统提供的服务在使用时符合利益相关者的要求,在其预期的操作环境中实现其预期用途;计划和执行验证以证明服务符合利益相关者的要求
测试与评估	Eisner 认为测试和评估任务是对整个系统性能的物理确认。两种背景用于测试和评估目的:一种用于系统的全面开发;另一种用于在操作环境中部署系统[12]
质量保证和管理	此任务的目的是确保交付的产品、服务和实施过程满足质量目标并满足客户需求

续表

任务	任务描述
配置管理	配置管理的目的是确保系统的完整性和可见性,配置管理涉及: 1)配置项标识; 2)配置控制确保所有更改被记录、评估、批准、合并和验证; 3)配置状态统计; 4)配置审计
专业工程	专业工程包括可能需要作为系统工程工作的一部分进行探索的工程主题,专业工程的一些例子包括: 1)可制造性; 2)电磁兼容性和干扰; 3)对环境造成的影响; 4)人为因素; 5)安全和健康
预先计划的产品改进	Eisner 认为这项任务是为了确定新的路径,并作为一种手段来增强系统,使其超越当前的合同安排[12]
培训	培训基本上是面向系统操作员和维护技术人员的任务,有时可能需要为培训操作员创建特殊版本的产品
生产和部署	生产和部署是第 2.2 节中描述的系统生命周期的一个阶段,生产阶段从批准生产系统开始,该系统可能是独一无二的,也可能是批量生产的;在这个阶段,产品可能会被增强或重新设计。 与部署相关,ANSI/EIA632 建议考虑部署计划和时间表、部署政策和程序、质量/体积模型、包装材料、特殊存储设施和场地、特殊处理设备、特殊运输设备和设施、安装程序、安装支架和电缆、特种运输设备部署说明、船舶改造图、现场布置图和安装人员[13]
运营和维护	这些是与第 2.2 节中描述的使用和支持阶段相关的任务,从系统工程的角度来看,对系统性能进行连续测量非常重要
运营评估和再造	在上述任务中获得的性能数据可以作为输入,用于识别系统再造的改进领域
系统处置	第 2.2 节中描述的退役阶段包括安全处置系统资产的任务,处置任务包括危险物品的处理、处置成本和批准
系统工程管理	系统工程管理就是管理和分配执行系统工程的资源和资产,这里指的是在系统开发项目中的资源和资产管理,它在较小程度上包括与规划、监控、控制和决策管理相关的任务,管理应用于之前的 29 项任务

2.4　系统开发的各种方法

　　系统开发阶段可以使用多种方法。这里我们将介绍三个主要方法:顺序法、增量法和进化法。这三种备选方案可能产生其他变体,但为了简洁起见,此处不再赘述。虽然我们这里使用的术语是"系统开发",但也包括制造、应用和维护。

　　在解释系统开发备选方案之前,重要的是要了解系统生命周期分为多个阶段,这些阶段代表了系统在此生命周期中的不同状态(第 2.2 节),不同的阶段可能会在时间上重叠。如 SEBoK 中所述,术语"过程"是不同的。过程是指管理系统生命周期的计划或项目的步骤[14]。在计划或项目管理阶段,里程碑和决策门用于时间管理,过程通常不重叠。

选择系统开发备选方案时主要有两方面考虑：

1）需求的成熟度和完备度；

2）对于一个给定的系统，组织因素对哪个过程的影响是可以接受的。

不明确或不成熟的需求，会影响对系统和项目范围进行恰当的定义，因此需要更灵活的备选方案来处理这些问题。

在分层组织中，面向功能的组织方法可能是实施备选方案的障碍，其中需求变化和持续交付是主要的系统开发驱动因素。

接下来我们将详细介绍三种主要备选方案：顺序法、增量法和进化法。

2.4.1　顺序法

顺序法，也称为瀑布式，开发活动按顺序执行，期间存在少量重叠但基本没有迭代。顺序法如图 2-3 所示，其主要特点是：

1）一开始即确定用户需求；

2）需求已定义；

3）在解决上游不确定性且满足主要审查（决策评估）之前不开始下游工作；

4）整个系统的设计、构建和测试都是在某个时间点交付的；

5）高效且易于验证；

6）难以应对变化和新出现的需求。

需要注意的是，顺序法有多种变体，例如 Vee 的顺序法版本，涉及计划、规范和产品的顺序进展，上述进展都是基线化并置于配置管理之下[14]。Vee 顺序法从分解（Vee 左侧）和集成活动（Vee 右侧）的角度来表示系统演化。

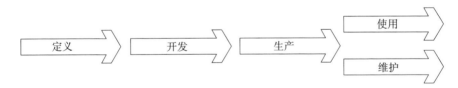

图 2-3　系统开发的可选方案：顺序法

2.4.2　增量法

在增量法中，用户需求和架构在开始时就已确定，但系统以一组增量或架构的形式交付，其中第一个增量包含计划系统功能的一部分，下一个增量添加了更多计划功能。以此类推，直到整个系统完成。增量法如图 2-4 所示，可以看出在开始时定义是完整的，但后续阶段基于增量 1、2、3 和 n 而展开。增量备选方案的主要特点是：

1）初始阶段生成规范；

2）需要基于系统架构和每个增量中要实现的要求，合理健全构建策略；

3）增量可能包括新系统组件的集成或现有系统组件的升级；

4）接口管理的集成问题；

5）其优势在于解决方案稳定时的可扩展性；

6）其劣势在于难以应对紧急需求或快速变化的架构。

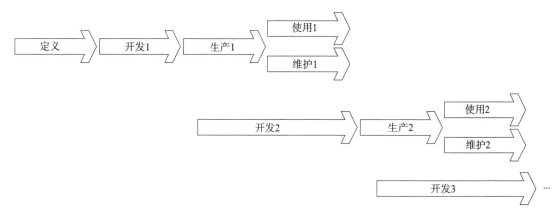

图 2 - 4　系统开发的备选方案：增量法

2.4.3　进化法

在进化法中，架构也是以增量或构建方式开发的，但在初始阶段，用户需求定义和需求完成方面与增量法有所不同，用户需求在每个后续构建中都会得到细化。进化方法如图 2 - 5 所示，下一个增量的定义和开发，与当前增量的生产、应用和支持并行执行。

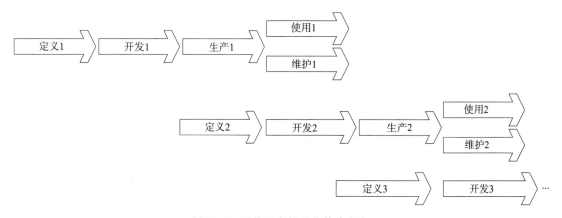

图 2 - 5　系统开发的进化替代方案

需要注意的是，《SEBoK》描述了上述进化方法的另外两个变体。这些变体是增量定义和开发重叠的并行渐进式的进化法，后续增量的计划和规范，与当前增量的开发，以及前期增量的生产、应用和维护并行开展[14]。

进化法的主要特征是：

1）开始需求不明确或变化很大；

2）客户希望保持系统解决方案对新技术的开放；

3）不断集成、验证和确认不断发展的系统；

4）其优势在于适应变化；

5）其劣势在于大型系统的可扩展性和系统工程差距。

可扩展螺旋是一种使用基于观察、定向、决定和接受循环的软件密集型系统开发风险方法[15]；而考虑到多个敏捷发布火车和系统供应商[16]的可扩展敏捷框架（SAFe）是敏捷方法的进化变体。

2.5　总结

本章总结了各种书籍[10-12,17]和手册[1,2]中涉及的系统工程学科，重要内容包括对系统工程的需求、系统生命周期、传统的系统工程任务和系统开发方案。

本章中描述的主题在应用 MBSE 方法（例如本书中描述的 ISE & PPOOA 方法）时也很有用。主要的问题是使用模型范式方法而不是使用文档范式。

2.6　问题与练习

1）确定配置管理的主要功能。

2）比较您认为可以在开发项目中应用的两种系统开发方案。

3）什么是系统中的涌现？举一个在自然或人造系统中出现的例子。

4）接口管理是什么意思？

5）什么是智能产品？

参 考 文 献

［1］ Walden，D. D. ，et al. ，Systems Engineering Handbook － A Guide for System Life Cycle Processes and Activities，INCOSE － TP － 2003 － 02 － 04. Hoboken，NJ：John Wiley & Sons，2015.

［2］ NASA，Systems Engineering Handbook，NASA SP － 2016 － 6105 Rev2，Washington，DC：NASA，2016.

［3］ ISO，ISO/IEC/IEEE 15288：2008 Systems and Software Engineering － System Life Cycle Processes，2nd ed. ，Geneva：International Standards Organization，2008.

［4］ IEE，. IEEE 1220 Standard for Application and Management of the Systems Engineering Process，New York：Institute of Electrical and Electronic Engineers，2005.

［5］ Hitchins，D. K. ，Advanced Systems Thinking，Engineering，and Management，Norwood，MA：Artech House，2003.

［6］ Sillitto，H. ，Architecting Systems：Concepts，Principles and Practices，UK：College Publications，2014.

［7］ Sillitto，H. ，et al. ，"A Fresh Look at Systems Engineering － What Is It，How Should It Work?" Proceedings 28 The Annual INCOSE International Symposium，Washington，DC：July 7 － 12，2018.

［8］ ISO，ISO/IEC/IEEE 15288：2002 Systems and Software Engineering － System Life Cycle Processes，1st ed. ，Geneva：International Standards Organization，2002.

［9］ Von Bertalanffy，L. ，General System Theory，New York：George Braziller，1969.

［10］ Kossiakoff，A. ，et al. ，Systems Engineering Principles and Practice，Hoboken，NJ：John Wiley & Sons，2011.

［11］ Shamieh，C. ，Systems Engineering for Dummies，Indianapolis，IN：John Wiley & Sons，2012.

［12］ Eisner，H. ，Essentials of Project and Systems Engineering Management，2nd ed. ，New York：John Wiley & Sons，2002.

［13］ ANSI /EIA，ANSI/EIA Std. 632，Processes for Engineering a System，Arlington，VA：Electronic Industries Alliance，1999.

［14］ BKCASE Editorial Board，2017，The Guide to the Systems Engineering Body of Knowledge (SEBoK)，R. J. Cloutier (editor in chief) . Hoboken，NJ：The Trustees of the Stevens Institute of Technology.

［15］ Boehm，B. ，and Lane J. A. ，"21st Century Processes for Acquiring 21st Century Software － Intensive Systems of Systems," Cross Talk. ，May 2006，pp 4 － 9.

［16］ Leffingweel，D. ，et al. ，SAFe Reference Guide,，Boston：Pearson Education，Addison － Wesley，2018.

［17］ Blanchard，B. S. and Fabrycky，W. J. ，Systems Engineering and Analysis，Fifth Edition，Essex，England：Pearson Education，2014.

第 3 章　基于模型的系统工程

本章首先介绍 MBSE 的实际状况及优点，引入关于建模的基本概念，并说明 MBSE 的主要方面即建模语言和建模方法，最后对 MBSE 工具进行实际应用讨论。在第一部分，我们通过对 MBSE 方法与传统的、基于文档的系统工程方法进行比较来介绍 MBSE 方法，并描述其优点。然后，我们再进一步了解 MBSE 中的建模是什么、模型的用途是什么以及建模视图的作用。在第三部分，我们介绍 MBSE 的主要内容即建模语言、方法和工具，并对这三个方面的现有方案做出简要的评论。

3.1　为什么我们需要基于模型的系统工程

传统的系统工程方法是基于文档的。在系统的生命周期中，不同的利益相关者创建了多个（可达到数百个）文档以获取工程活动的决策和结果。工程设计过程是一种迭代活动。换言之，当检测到设计缺陷时，就需要在系统的设计中引入工程更改，且由于利益相关者所具有的多样性（不同的关注点、专业知识背景等），所以要求有不同格式和相应的文档来表示相同的信息。因此，如果我们需要确保信息的一致性、完整性和有效性，管理这些杂乱无章的文档就变得至关重要。Friedenthal 等人[1]较好地总结了基于文档的系统工程方法中涉及的所有活动。然而这种基于文档的系统工程方法成本过高[2]，表现在：效率低下且耗时（需冗余更新多个文档、图形和电子表格中的相同信息），难以维护和重用设计信息，信息分散在多个文档中，并且很容易出现错误（例如在引用它的所有文档中没有重新命名系统的组件时），可能导致交付系统出现质量问题或重大缺陷。

MBSE 解决了所有这些缺点，它被定义为"从概念设计阶段开始，在整个开发及其后生命周期阶段持续进行的规范化建模应用，以支持系统需求、设计、分析、验证和确认活动"[3]。而在传统的系统工程方法中模型也用于支持工程过程中的不同活动，关键区别在于，在 MBSE 中产生的中心模型是一个集成、一致和连贯的系统模型。

MBSE 已经为业界广泛接受，作为解决传统基于文档的系统工程中碰到的问题的方法。根据 2014 年在法国进行的一项调查[4]，该国的各个 MBSE 公司均声称已实施 MBSE，尽管成熟度参差不齐。

MBSE 有许多潜在的好处，如：通过减少歧义和增加设计完整性及可追溯性来提高质量及生产力，对部分设计流程实施自动化（例如文档生成）并减少错误，增强知识转化和重用等（详见文献［1］）。此外可以定义基于建模的指标，来帮助评估设计质量和进度[1]。这首先需要一个好模型，然后建立质量标准来确定模型，如图 3 - 1 所示。

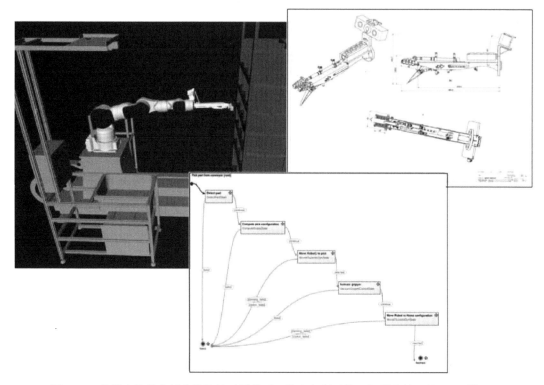

图 3-1　机器人取放应用中涉及的不同模型（从左起顺时针：机器人单元的 CAD 模型、
机器人抓手的机械图纸以及用于定义高层行为的状态机）

3.2　什么是 MBSE 中的建模？

一般来说，模型是物理世界中可以实现的实体的表示。在系统工程中，模型是为某一
目的而开发的系统的抽象形式。更具体地说，模型应该解决特定的利益相关者的关注点/
需求，并且对系统设计具有明显的用处[5]，这就是建模在 MBSE 中的含义。

3.2.1　为什么使用模型

系统建模的目的，需根据各个利益相关者如何在系统的整个生命周期中使用模型来定
义。例如，某模型可以在概念阶段用于表示系统概念，由领域工程师指定和验证需求，以
执行可选方案的权衡分析或测算系统成本。Friedenthal 等人[1]提供了完整的模型用途
列表。

在 MBSE 中，可以建立质量标准来评估模型是否满足其目的（例如可理解性、完整性
或一致性）[1]。Friedenthal 等人[1]将模型验证定义为"确定模型准确地表示感兴趣的领域
（例如系统及其环境）以满足模型预期用途的程度的过程"。第 12 章对上述方面进行了讨
论。模型在系统工程中主要有两个用途：交流和仿真。

用模型进行交流。系统工程中对模型最基本的要求是，它作为工程师和参与开发系统的利益相关者之间的一种沟通方式。该系统的工程团队必须能够收集来自不同系统用户的需求，相互沟通所存在的问题和可能的解决方案，以制定涵盖复杂功能的技术架构[6]。从这个角度来说，当模型将有关系统的信息传达给人时，它被称为声明式模型。MBSE 可以从多个角度呈现和集成系统视图，改善了开发团队和其他利益相关者之间的沟通，从而提供了对系统的共同理解。本书介绍的 MBSE 方法 ISE & PPOOA 的主要优势之一也正是其对交流的支持。

用模型进行模拟。MBSE 的另一个关键优势是，该模型由机器或计算机程序模拟其指定的系统[1]。因此，该模型被称为执行模型，它包含机器执行该模型所需的所有信息。为了使模型可执行，建模语言需要具有精确的语义来实现它。对于系统建模语言 SysML（将在下一节中讨论），该标准已扩展为附加规范以提供模拟所需的语义。

使用模型模拟的另一个例子，是 Vi‐tech 基于模型的系统工程框架[6]中使用的图形语言，它允许通过离散事件模拟器进行模拟，如图 3‐2 所示。

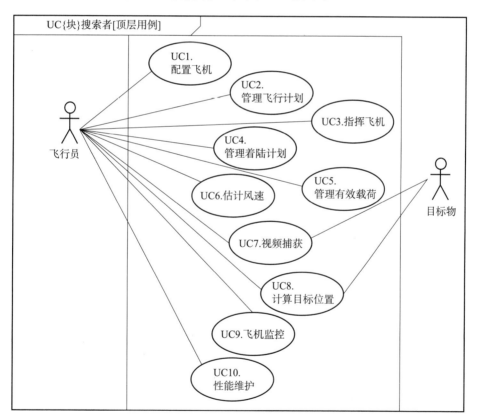

图 3‐2　用于通信的模型示例：定义无人机操作场景的用例图

（该示例将在第 8 章中进一步讨论）

3.2.2　模型和视图

视图和视点是 MBSE 的基础。工程系统的模型一般来说具有复杂的细节，其范围非常广泛，没有一个工程师能够理解它的所有方面。此外，开发团队中的不同工程师和参与系统生命周期的利益相关者在检查系统模型中的规范时有不同的需求和背景。在系统工程中，视点是系统中关注点的划分或限制。视点通过仅解决与问题相关的那些方面来帮助管理复杂系统，因此使用不同的视点来解决诸如结构和行为方面的问题（图 3 - 3）。视点还具有安全性、操作性和制造性等特征。

ISO/IEC/IEEE42010[10]对视图和视点给出了正式定义。视点是一个单一视图的说明，它"构建了利益相关者对感兴趣的系统的一个或多个关注点"，并提供了用于构建、呈现和分析视图的约定、规则和语言。因此，视图是从一个视点的角度对整个系统的一种表达，它明确了呈现给利益相关者的模型内容[1]。

模型包括基于图表表示的视图，且模型是唯一的。在以 MBSE 模型为中心的方法中，数据只要被捕获一次，就可根据系统描述的定义视点进行多次表示[5]。值得注意的是，虽然可以构建视图并将其作为系统模型的一部分，但从该视图中产生的对象却不在其中。例如，从视图生成的文档不是系统模型的一部分，而视图本身却是[1]。

3.3　MBSE 的建模语言、方法和工具

Delligatti[2]明确总结了 MBSE 的三大支柱，即工程团队应用 MBSE 所需了解的所有要素：一种建模工具，用于执行由设计系统的方法所规定的流程中所有任务，并在以标准建模语言表示的中心集成模型中，对系统进行设计和表示。在下文中，我们研究了这三个基本要素，并对每个要素的当前可选方案进行概述。然而，作者的目的并不是提供对MBSE 语言、方法和工具的完整描述。本章中的参考资料旨在为读者提供额外的资源，以扩展此处传达的简要信息。

3.3.1　建模语言

SysML 是 MBSE 中使用最广泛的建模语言，也是本书中使用的 ISE & PPOOA 方法所采用的建模语言（带有一些扩展）。然而，MBSE 并不一定必须使用 SysML，它独立于SysML，本书还为 MBSE 提供了另外两种建模语言。

3.3.1.1　SysML

对象管理组（Object Management Group，OMG）将 SysML[11]定义为"一种通用的图形建模语言，用以说明、分析、设计和验证可能包括硬件、软件、信息、人员、程序和设施的复杂系统。"SysML 是一种图形语言，它定义了表达系统需求、行为、结构和系统属性约束的图表（图 3 - 4）。

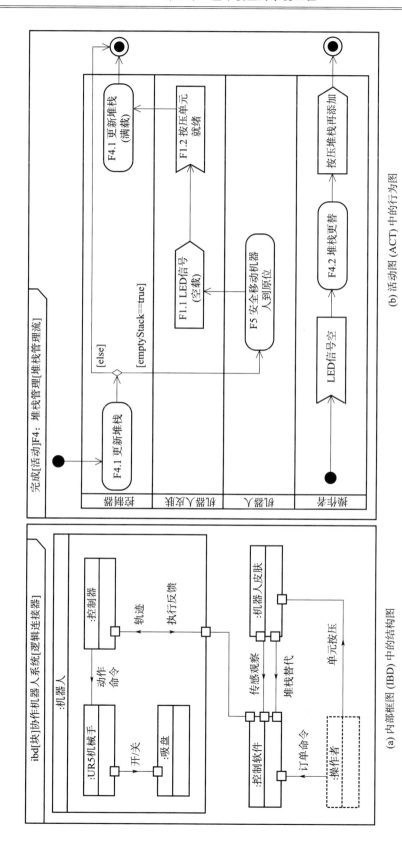

(a) 内部框图 (IBD) 中的结构图

(b) 活动图 (ACT) 中的行为图

图 3 - 3　两个显示机器人协作应用模型两个不同视点的 SysML

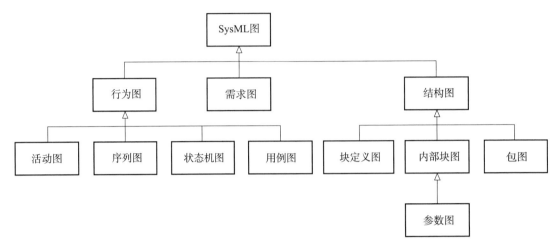

图 3 - 4　SysML 中不同图表的分类

SysML 起源于 INCOSE 和 OMG 的联合倡议，它脱离了软件系统的 UML 语言（被定义为 UML 子集的扩展），是为系统工程应用程序而创建的建模语言，能提供更好的语义、新元素和图表，以表示系统设计的必要内容，并支持系统工程活动的需要。

对于模型的交流应用，MBSE 语言 SysML 包括特定的视点和视图元素，这些元素与用于可视化 SysML 模型的 ISO - 42010[10] 标准一致。在 SysML 中，视点是用于生成构件的约定和规则的规范，这些构件提供了 SysML 模型中所包含信息的定制表示[1]。

对于模型的模拟应用，SysML 结合了基础 UML（fUML）[7] 和 UML 复合结构的精确语义[8]，前者指定了 UML 的基础执行语义，后者将这些语义扩展到复合结构。OMG 还采用了 fUML 的补充规范，称为基础 UML 的动作语言或 Alf[9]，这在描述活动的详细行为时很有用。有关 SysML 中模型执行的更多详细信息请参见文献 ［1］。

我们在附录 A 中总结了本书中使用的 SysML 符号和图表，此外还有许多关于 SysML[2,11] 以及如何将其用于 MBSE 方法[1,15] 的优秀参考资料和资源，这些为读者提供了关于 SysML 使用的更深入的讨论。

如上所述，尽管 SysML 是重要语言，但 MBSE 并不一定使用 SysML。在其他设计领域还有其他建模语言，如机械、软件和电子，它们更适合系统生命周期中的相关活动。此外，对于基于模型的系统工程，还有一些可以替代 SysML 的语言，它们可以提供一些有趣的特性。这里我们提到两种：对象过程方法（OPM）语言和 Vitech 公司的系统定义语言（SDL）。

3.3.1.2　OPM 语言

OPM 是一种用于捕获知识和设计系统的概念性建模语言和方法，由 Dov Dori 创建和开发[12]。OPM 已被 ISO 采用作为标准 ISO/PAS 19450。OPM 基于本体，使用形式化的语法和语义在多个领域中指定系统的功能、结构和行为。描述系统的语言构建元素是对象（即物理或逻辑上存在或可能存在的事物），而过程是用来对对象进行变换的。对象在每个时间点都处于某状态。OPM 模型可以在对象过程图（OPD）中以图形方式表示，也可以在对象过程语言（OPL）中以言词/文本方式表示。OPM 的最小本体，在保持系统模型所需的准确性和细节的同时，还解决了降低表示复杂性的问题。OPM 的作者们将 OPM 的本体描述为最小存在，这样就能用较少的概念数确定大规模的变化域。

3.3.1.3　Vitech

在《基于模型的系统工程入门》（A Primer for Model – Based Systems Engineering）[6]中，Long 和 Scott 描述了 Vitech 的 MBSE 工具中使用的 SDL。Vitech 的 MBSE 方法是一种更传统的系统工程方法。SDL 专注于清晰、明确和易于理解（甚至提供了到通用语言的简单映射），避免了领域专家专业语言的复杂性。

3.3.2　MBSE 方法

建模语言是一种在模型中对设计信息和解决方案描述进行编码的方法。但是，它没有指出如何对设计解决方案进行创建和建模。需要一种建模方法论来提供路线图或指导，以确定建模工作处理的结果是否满足预期目的。

Friedenthal 等人[1]将方法定义为"实现一个或多个过程的一组相关活动、技术、约定、表示和工件，它们通常由一组工具支持"。OMG 支持 Estefan 等人对 MBSE 方法论的描述"用于支持'基于模型'或'模型驱动'环境中的系统工程学科的相关过程、方法和工具的集合"[13]。因此，如果某一特定方法"实现了系统工程过程的全部或部分，并生成系统模型作为其主要产品之一"，则该方法可被视为 MBSE[1]。

使用 MBSE 构建系统时，与使用合适的方法与烹饪时的食谱一样重要。方法论支柱仍然是 MBSE 中的一个挑战（例如法国的一项调查指出，大多数 MBSE 应用程序是在没有正式流程的情况下完成的，或者是在使用自定义流程进行正式流程的情况下完成的[4]），而"方法"是参与者希望在 MBSE 工作组中实现的主要目标之一。

与 2008 年的调查结果不同[13]，OMG 列出了一份主要 MBSE 方法的列表[14]，包括作为本书主要主题的 ISE & PPOOA。在表 3 - 1 中，我们展示了一些 MBSE 方法，总结了它们支持的过程和视图以及使用的语言。如前所述，MBSE 可以与特定类型系统开发过程中特定范围集成，例如敏捷架构框架和状态分析方法（表 3 - 2）。

表 3 - 1　一些 MBSE 方法的总结

OOSEM[1]	流程
面向对象的系统工程方法（OOSEM）是一种自上而下的场景驱动方法,它利用面向对象的概念和建模技术来帮助构建系统 　语言:SysML 　视图: 　1)结构:BDD 和 IBD 图 　2)行为:活动图 　3)其他:需求图	1)分析利益相关者的需求 2)定义系统要求 3)定义逻辑架构 4)优化和评估备选方案 5)综合物理架构 6)系统集成验证 7)管理需求可追溯性

续表

SysMod[15, 16]	流程
SysMod 是一种面向服务的方法,其中工程师首先确定系统服务。这是一种从分析到设计对系统进行建模的实用方法 语言:SysML 视图: 1)结构:BDD 和 IBD 图 2)行为:序列和状态机图 3)其他:用例图	1)确定要求 2)建模系统环境 3)模型用例 4)模型领域知识 5)创建词汇表 6)实现用例
Harmony[18]	流程
服务请求驱动的方法,包括将信息传递给软件工程的简易性;第 12 章引用了 Bruce Powell Douglass 开发的 Harmony 敏捷版本 语言:SysML 和 UML 视图: 1)结构:BDD 和 IBD 图 2)行为:序列和状态机图 3)其他:用例图、活动图	1)需求捕获 2)系统用例的定义 3)系统功能分析 4)系统架构设计 5)子系统架构设计
OPM[12]	流程
Dov Dori[12]的《对象处理方法》可用于正式指定各种领域中人工和自然系统的功能、结构和行为 语言:OPM 视图: 1)结构:对象-流程图 2)行为:对象-过程图	1)识别系统功能(流程)——顶层 OPD 2)识别系统的受益人——作为对象元素添加到 OPD 3)将过程与对象的关系识别为对象的变换或对象的状态 4)通过对过程的子过程和对象的组成对象进行建模,迭代地改进模型

表 3 - 2　两种特定领域的 MBSE 方法

敏捷架构框架[19]	流程
需求引出、需求规范说明以及指挥和控制(C²)系统的总体设计说明 语言:SysML 视图: 1)行为:活动图 2)其他:用例图	1)创建操作系统外部视图 2)创建操作系统内部视图 3)创建系统外部视图 4)创建系统内部视图 5)创建技术系统外部视图 6)创造技术系统内部视图
JPL 状态分析 (SA)[20, 21]	流程
状态分析方法定义了一个流程,用于在任务数据系统(MDS)控制架构的背景下识别和建模受控物理系统的状态以及所需的控制能力 语言:UML 和数学表示,也可用 SysML 配置文件 视图: 1)结构:BDD 和 IBD 图 2)行为:参数图 3)其他:用例图	1)确定控制系统的需求 2)识别捕捉控制需求的状态变量 3)为已识别的状态变量定义状态模型——可能会发现额外的状态变量 4)识别估计状态变量所需的测量值 5)为已识别的测量定义测量模型——可能会发现额外的状态变量 6)识别控制状态变量所需的指令 7)为识别的指令定义指令模型 8)迭代直到覆盖任务范围

3.3.3　MBSE 工具

最后，受过建模语言和方法培训的工程团队仍然需要合适的工具来有效地应用 MBSE 进行设计系统。

ISE & PPOOA 方法和 SysML 语言是独立于特定 MBSE 工具应用实现的规范。MBSE 有很多可用工具（表 3 - 3），我们强烈鼓励感兴趣的读者进行评估，以选择更适合其项目或开发产品类型的工具（这一点可在 SysML 在线论坛就可用工具进行讨论，网址：https：//sysmlforum. com/sysml - tools/）。例如一些工具实现了全面的 MBSE 方法，包括通过实现完整的 SysML 规范实现的一些高级功能，例如模型验证、通过 XML 元数据交换（XMI）标准进行的模型交换等，而另外一些工具提供更简单的图表和模型文档功能，这对于 MBSE 的轻量级方法尤其有用，例如 ISE & PPOOA 推广的方法，它侧重于工程过程和关键视点。在这里，我们不去尝试列出 MBSE 工具的完整列表，而是提供一些参考资料，作为感兴趣的读者探索现有多种选项的起点。

表 3 - 3　MBSE 工具概述

SysML 合规性	绘图	MBSE(非 SysML)
Cameo，MagicDraw IBM Rhapsody PTC Integrity Modeler	Visual Paradigm Visio	Vitech CORE Capella

基于 SysML 实施 MBSE 方法的具有长期使用经验的工具，包括 IBM 和 NoMagic 公司的产品。这些工具很复杂，且严格执行 OMG SysML 标准。但正是这一现状及其对其他相关标准的支持，使它们能够具备与需求管理工具（例如 DOORS）或模型模拟和验证进行集成的强大特征。例如，NoMagic 的 MagicDraw 具有可用于架构框架（DoDAF2、MODAF）或模拟工具包的插件。Cameo Systems Modeler 是一种用于系统工程的新工具，具有 MagicDraw 为系统工程提供的精选和优化功能。

IBM Rational Rhapsody 为状态机图的执行和模拟提供了强大的支持，并为 SysML 参数图与其他流行的建模工具（如 Simulink）的集成提供了插件。PTC Integrity Modeler 包括类似的功能，它还包含一个审查功能，以提高质量并跟踪设计进度。Capella 是另一种具有强大 MBSE 支持的工具，与大多数工程流程兼容，并基于其自己的 MBSE 方法论和方法。其他工具如 Visual Paradigm，提供了对 SysML 标准更基本的支持，可以作为绘制符合 SysML 标准图表的合理选择。还有免费的开源工具，例如 Papyrus（https：//www. eclipse. org/papyrus）。尽管它还不够成熟，无法与商业工具竞争，但由于它基于 Eclipse 建模框架，提供了非常有趣的可扩展性和定制功能。

工具复杂性已被确定为 MBSE 的三个主要难题之一，它限制了其在组织中的适用性[4]。需要强调的是，每个工程团队和项目都有其特殊需求，在选择他们计划使用的 MBSE 工具时应仔细考虑这些需求。

3.4　总　结

本章介绍了用于系统工程的 MBSE 方法。讨论了它相对于传统以文档为中心的系统工程的优势，分析了建模的不同用途以及视图和视点在 MBSE 中的重要作用，最后讨论了 MBSE 的三个主要元素：语言、方法和工具，对上述三者的现有解决方案进行了综述，此外还总结了 MBSE 主要语言 SysML 以及本书中使用的 SysML。在后续的第 12 章将解释如何使用 MBSE 方法和工具实现项目管理。

3.5　问题与练习

1) 以文档为中心的系统工程方法和 MBSE 有什么区别？
2) 工程团队在应用 MBSE 时需要了解的三个主要要素是什么？
3) 视图和视点在 MBSE 中扮演什么角色？

参 考 文 献

[1] Friedenthal, S. , A. Moore, and R. Steiner, A Practical Guide to SysML, San Francisco: Morgan Kaufmann, 2015.

[2] Delligatti, L. , SysML Distilled: A Brief Guide to the Systems Modeling Language, Boston: Addison – Wesley, 2014.

[3] International Council on Systems Engineering (INCOSE), Systems Engineering Vision 2020, Version 2. 03, TP – 2004 – 004 – 02, September 2007.

[4] Ferrogalini, M. , D. Lesens, 2014 MBSE French Survey, http: //www. omgwiki. org/MBSE/ doku. php? id＝mbse: afis♯mbse _ french _ survey.

[5] NASA, Expanded Guidance for Systems Engineering, Volume 2: Crosscutting Topics, Special Topics, and Appendices, technical report, National Aeronautics and Space Administration, 2016.

[6] Long, D. , and Scott Z. , "A Primer for Model – Based Systems Engineering," Vitech Corporation, 2011.

[7] Object Management Group, Semantics of a Foundational Subset for Executable UML Models (FUML), http: //www. omg. org/spec/FUML/.

[8] Object Management Group, Precise Semantics of UML Composite Structures, http: //www. omg. org/spec/PSCS/.

[9] Object Management Group, Action Language for Foundational UML (ALF), http: // www. omg. org/spec/ALF/.

[10] ISO/IEC/IEEE 42010: 2011, Systems and Software Engineering—Architectural Description, The International Organization for Standardization (ISO) and the International Electrotechnical Commission (IEC) in collaboration with the Institute of Electrical and Electronic Engineers (IEEE), 2011.

[11] OMG, Systems Modeling Language, http: //www. omgsysml. org/.

[12] Dori, D. , Model – Based Systems Engineering with OPM and SysML, New York: Springer, 2016.

[13] Estefan, J. A. , Survey of Model – Based Systems Engineering (MBSE) Methodologies, Rev. B, INCOSE Technical Publication, Document No. INCOSE – TD – 2007 – 003 – 01, International Council on Systems Engineering, San Diego, CA: June 10, 2008.

[14] OMG MBSE Wiki, Methodology and Metrics. http: //www. omgwiki. org/MBSE/doku. php? id＝ mbse: methodology.

[15] Weilkiens, T. , SYSMOD – The Systems Modeling Toolbox, 2nd edition, MBSE4U Booklet Series, 2016.

[16] Weilkiens, T. , J. Lamm, S. Roth, and M. Walker, Model – Based System Architecture, Hoboken, NJ: John Wiley & Sons, 2016.

[17] Hoffmann, H. P. , SysML – Based Systems Engineering Using a Model – Driven Development

Approach，white paper，Rational IBM，2008，http：//www. ccose. org/media/upload/SysML ＿ based ＿ systems ＿ engineering－08. pdf.

[18] Hallberg，N. ，R. Andersson，and C. Ölvander，"Agile Architecture Framework for Model Driven Development of C2 Systems，" Systems Engineering，Vol. 13，No. 2，2010，pp. 175－185.

[19] Ingham，M. D. ，et al. ，"Engineering Complex Embedded Systems with State Analysis and the Mission Data System，" Journal of Aerospace Computing，Information，and Communication，Vol. 2，No. 12，2005，pp. 507－536.

[20] Wagner，A. ，et al. ，"An Ontology for State Analysis：Formalizing the mapping to SysML，" Proc. IEEE Aerospace Conference，Big Sky，MT，2012.

第 4 章　ISE & PPOOA 方法

MBSE 方法的核心是过程，因为它帮助工程师思考如何识别问题，并找到作为复杂产品实施过程的解决方案。本章描述了 ISE & PPOOA 过程，该过程促进了集成系统工程和软件架构的 MBSE 方法。该过程的主要关注点是如何处理功能的分配、非功能需求的实现以及接口的规范和设计。本章通过其概念模型及其主要步骤和交付成果的定义来描述 ISE & PPOOA 过程。

4.1　集成系统工程和软件架构

传统的系统工程将系统开发描述为基于功能范式的自上而下的过程，其中一项功能被视为一种转换，它消耗某些事物并生成或转换为另一事物。质量、能量和动量守恒定律是工程学和传统系统工程中的一个重要问题，但它们不是软件密集型系统中的问题。

软件在飞机、汽车、医疗设备和家用电器中的使用越来越多，这意味着系统的更多功能是由软件执行的。这种情况已从软件层面改变了设计范式，从功能性方法转变为面向对象或面向组件的方法。然而当软件与机械、电气或电子组件相结合时，这种转变会给系统设计带来困难。

当前的工程项目通常将文档和产品作为交付的成果，但由于以复杂方式交互的各种元素（例如机械、电子和软件部件）的集成，使得产品的复杂程度越来越高。这些复杂产品的难度、规模和多学科维度使得系统工程的最佳实践应用更加具有建设性，其中一些实践得到了模型的支持，因此如第 3 章所述，将其称为 MBSE。

上述问题通过集成系统和软件工程过程进行解决，该过程将传统系统工程的最佳实践与基于模型的方法和基于组件的软件工程的 PPOOA 架构框架相结合。特别是本文描述的方法论，涉及系统功能分解和功能流建模、非功能需求实现、接口规范以及实现多线程执行的软件架构。

本章介绍称为 ISE & PPOOA 的集成系统和软件工程过程。第一作者扩展了 PPOOA，这是一种基于他在 20 世纪 90 年代后期开发的软件组件和连接器的软件架构框架[1]。该扩展保留了系统工程功能分解的可用性，但对软件子系统使用了面向对象的分析和设计。系统及其软件子系统的结构视图是不同的，它们使用系统的 SysML 结构图和其软件子系统的扩展 UML 类图来表示。

系统域和软件域之间的语义差距由被识别的系统功能和软件组件之间的桥梁进行支持，该桥梁基于拟开发的每个软件子系统的域模型，并使用 UML 类图进行阐述。本文介绍的 ISE & PPOOA 过程的另一个主要作用，是使用设计启发式或策略（第 6 章）来实现非功能性需求。

4.2　ISE & PPOOA 的挑战

4.2.1　实现非功能性需求

一般而言，非功能性需求是指那些指定标准的需求，而不是特定的行为，这些标准可用于约束系统开发或使用，这与指定特定行为或功能需求形成对比。非功能性需求用于限制解决方案空间，其替代名称是质量属性需求或非行为性需求。

非功能性需求的工程设计应该考虑以下问题：

1）在正确选择和定义非功能性需求之前，需要明确说明这些需求的应用背景，这种背景通常被称为质量框架。该框架实际上是一个模型，通常表示为结构树形式，它考虑了一组可以通过标准进行评估的质量因素和子因素。这些标准可以通过一些指标进行量化[2]。

2）在分解非功能性需求时，系统工程师可以选择基于质量框架或其主题来分解类型（如安全性、可靠性等）。在系统中，非功能性需求适用于整个系统或其中的某些局部。软目标方法提供了两个非功能性需求共享相同主题（如客户的账户），但对应不同质量属性（如性能与安全）[3]的示例。

3）某些非功能性需求可能同时受到正、负两面的影响，应予以综合考虑。例如，与系统安全和性能相关的影响因素。这些权衡对解决方案的系统架构有非常重要的影响。

第 6 章中介绍的启发式集合有助于识别与不同质量属性相关的非功能性需求的架构和设计备选方案。这些启发式方法既不是新生事物也不是革命性的，而是从系统文献中收集的，并针对 ISE & PPOOA 进行了定制，其中一些代表着系统架构师当前做出的设计决策。

4.2.2　处理功能和物理接口

接口缺失或不正确是导致项目出现成本超支和系统故障的主要原因之一。关键是要考虑到，潜在的接口不仅是与数据、信号或指令相关的对接，还包括与未作为软件组件而实施的质量和能量传输等物理元素相关的对接。

MBSE 的 ISE & PPOOA 方法，是将 MBSE 的 SysML 图表、文本和表格（N² 图表）的组合应用于描述系统外部和内部接口。

当系统工程师进行系统设计时，必须考虑子系统之间的内部接口。关于外部和内部接口的早期文档对于避免后期开发中出现返工和其他问题非常重要。

目前，SysML 块图用于表示接口，通过工具生成的表格形式的接口文本描述或 SysML 需求符号来对其进行扩充。当一个描述和它所涉及的模型元素显示在同一个图中时，则可以直接用于描述关系。SysML 提供需求和相关模型元素之间存在的跟踪、细化或满足等关系。

系统工程师创建了 N² 图表来描述系统架构中系统实体的输入和输出项目（数据、能量或质量）。N² 图表是具有 N+1 行和 N+1 列的表格。它记录实体以及它们之间的交换。实体沿对角线输入，而交换或接口出现在其他单元格中。外部输入可以随意地显示在对角线上第一个实体上方的行中，外部输出可以显示在右侧列中。在表 4-1 中，使用列中的约定 IC 输入，例如实体 B 和 C 从实体 A 接收输入，实体 D 从实体 C 接收输入，实体 B 从实体 C 接收输入。实体 A、B、C 和 D 的外部输入显示在表 4-1 的第一行。实体 A、B、C、D 的外部输出在右侧列中用箭头显示。这些实体可以代表系统功能模块或系统物理模块，具体取决于开发的是功能接口还是物理接口。空白单元格表示这些实体之间没有接口。

表 4-1　N² 表

↓	↓	↓	↓	
实体 A	→ ↓	→ ↓		→
	实体 B			→
	↑ ←	实体 C	→ ↓	→
			实体 D	→

将 N² 图表用于功能和物理架构是对 SysML 图表的一种补充，因为使用 N² 图表具有以下优势：

1）N² 图表非常紧凑，可以纵览最复杂的系统。

2）界面往往成对出现，潜在形成简单的、反应性的因果循环（逻辑循环）[4]。

3）N² 图和设计结构矩阵（DSM）① 是将功能分配给子系统或系统部件的非常有用的工具，它们之间的交互作用最小[6]。功能的聚类会修改功能的顺序，因而功能之间的交互会靠近对角线并进行分组。

4.3　ISE & PPOOA 系统工程概念模型

图 4-1 中所提出的概念模型主要用于表达系统工程 ISE 子过程中的术语和概念的含义，并找到不同概念之间的正确关系。概念模型可以被认为是一个本体，它试图澄清各种通常情况下含糊不清的术语的含义，并确保在使用 ISE & PPOOA 过程中不会出现对术语和概念有不同释义的问题。概念模型使用 UML 类图表示。

主要概念和它们之间的关系如图 4-1 所示。用于软件架构的 PPOOA 子过程中使用的术语的概念模型在之前的章节[7]中有所描述。以下定义了图 4-1 中表示的一些概念。

1）系统：为实现一个或多个既定目的而组织起来的相互作用部分的组合。

2）部件：系统的构建元素。部件可以是包含其他部件的复合部件（例如子系统），其

---

① DSM 是一个矩阵，表示系统、组织或流程中各构成要素之间的联系。DSM 矩阵分为基于构建元素或架构的 DSM、基于团队或组织的 DSM、基于活动或计划的 DSM 以及基于参数的 DSM[5]。

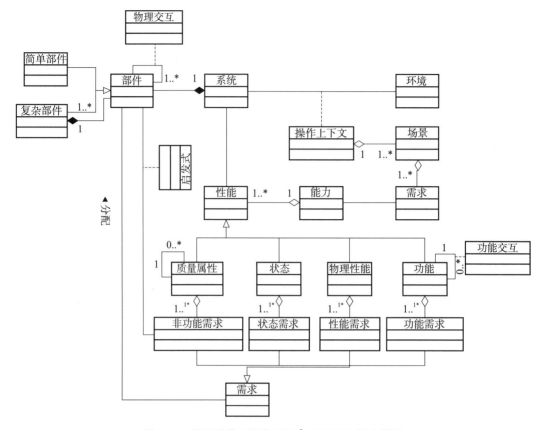

图 4-1　用于系统工程的 ISE & PPOOA 概念模型

中一部分依赖于其他部分。

3）物理接口：系统部件之间物理依赖关系的描述。

4）环境：影响特定系统的所有实体。系统不会单独运行，它们在自然和社会政治环境以及与自身外部的其他系统中相互操作。

5）操作环境：由特定系统或系统组进行操作的抽象模型。

6）场景：系统在特定情况下如何使用的实例。系统预期行为由操作场景描述，其中确定了每个场景的前置条件、后置条件和步骤。

7）需求：这里的需求是在"我们试图通过在特定环境中运行的新系统解决什么问题?"的答案中进行定义的。一些作者称它们为运行需求或用户需求。

8）功能：在指定的标准和条件下，对综合执行一组任务的手段和方式进行效果评价的能力。

9）属性：系统可观察、可测量和可重现的特性。

10）功能：系统执行的一种转换，它消耗质量、能量或信号以生成新的系统或对系统进行转换。

11）功能接口：对系统功能之间功能依赖的描述。

12）状态：被当前状态/配置以及所提供的功能所定义的一种系统所处的状况。

13）质量属性：系统或部件的高级因素或特性，主要与如何开发或使用有关。

14）物理属性：通过示例来描述的质量、形状、颜色、温度等属性。

15）要求：对系统或该系统中一部分组件应呈现的特性的声明。

概念模型还可以通过各种线条和符号表示概念之间的一些重要关系。以下符号用于陈述在 UML 表示法中的关系：

1）关联是用于陈述两个需要相互了解的概念之间的关系，以线表示。

2）组成是用于陈述元素与其部分之间的关系，以黑色菱形图标表示。

3）当一个概念是其他概念的集合或"容器"，且包含的概念对容器没有很强的生命周期依赖性，此时出现聚合。如果容器被销毁，但其内容不会被销毁。以空心菱形图标表示。

4）在特定具体场景下使用的概念，将其专门化，以空心三角形图标表示。

为了便于理解，对图 4-1 中所表示的关系进行了总结。一个系统含有简单或复合的组成部分。系统与环境之间相互作用。这些交互关系由操作环境描述，将交互关系建模为一组场景。基于操作环境和场景，工程师将一组特定需求转换为一组独立于解决方案的系统功能。每个功能都是系统属性的容器，这些属性可以是系统质量属性、物理属性、状态或性能。与分配给系统组件的功能需求相比，非功能需求的实现有着本质的不同。非功能性要求的实现可以通过应用设计启发法来完成。于是，在非功能性需求和组件之间描述了特定的关联关系，如图 4-1 所示。

4.4　ISE & PPOOA 的维度和主要步骤

ISE & PPOOA 可以被设想是对软件密集型系统设计的三个维度的集合（图 4-2 中的左侧）。每个维度都有相关的可交付成果，主要是模型，也包含文本和表格等。

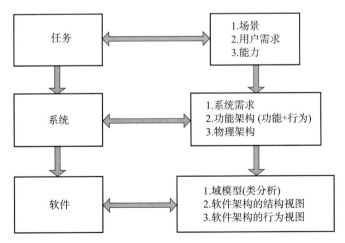

图 4-2　ISE & PPOOA 的三个维度

以上描述了本章中介绍的 ISE & PPOOA 的基础，ISE & PPOOA 是集成系统和软件工程的流程。传统的基于功能的系统工程被与 MBSE 相结合，从而使用功能范式来表示系统的行为。这种方法允许使用 PPOOA 软件架构与基于组件的软件工程进行集成。

4.4.1 系统工程子过程

本节对 ISE & PPOOA 过程中的系统工程部分进行了更为详细的描述（在图 4 - 3 中显示为活动图），该过程的软件工程部分如图 4 - 4 所示，并在前文中也有相关描述[8]。

除了需求之外，ISE & PPOOA 过程中系统工程子过程的另一个重要结果是创建系统的功能和物理架构以识别组成子系统及其接口。系统可能具有软件密集型和/或非软件密集型子系统，尤其质量、能量和动量等物理守恒定律在表示系统视图时应给予充分的考虑。

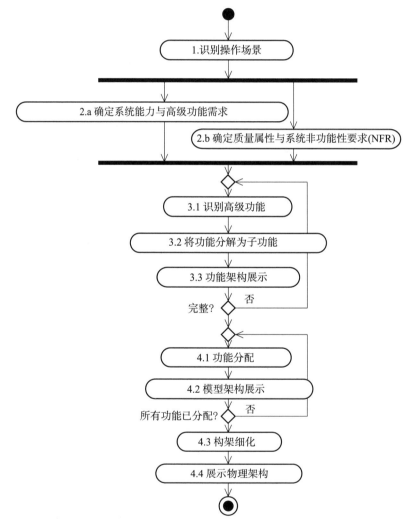

图 4 - 3　系统工程的 ISE 子过程

图 4 - 3 中显示的过程有 4 组步骤，并依次执行 1、2、3 和 4 组步骤。步骤 2 标记为

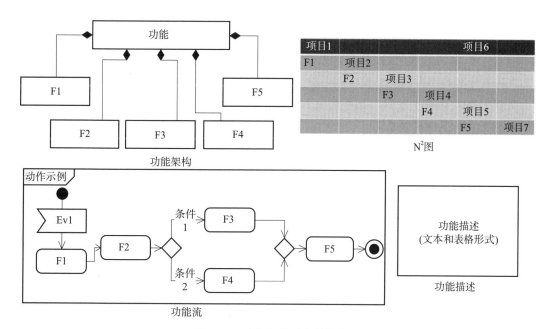

图 4 - 4　功能架构可交付的成果

2a 和 2b 的两个并行或并发步骤。步骤 3 和 4 以迭代方式执行。为简化起见，图 4 - 3 未包括每个活动的输入和输出。每个步骤的目标、产生的最终或中间可交付成果以及为实现目标而推荐的配置文件如下所述。

步骤 1. 识别操作场景

目标：确定系统的运行环境并描述不同运行模式所在的运行场景。

可交付成果：由操作场景来描述系统的预期行为，其中除了每个场景的前提条件、后置条件和步骤之外，还确定了需求。这些需求是后续在子过程中识别系统功能和质量属性的输入。说明性示例可以在第 8 章第 8.1 节和第 9 章第 9.1 节中找到。

人员范围：操作性概念专家、需求工程师、未来的系统用户和其他的项目利益相关者。

步骤 2a：确定系统能力和高级功能需求

目标：将场景和需求转化为一组系统能力和高级系统需求。

可交付成果：得到用 SysML 的块定义图按层级分解的功能视图，获得了用自然语言确定但基于层级分解的系统功能需求。在此步骤中可以确定系统有效度（MoE）。说明性示例可在第 8 章表 8 - 2、第 9 章图 9 - 1 和表 9 - 4 中找到。

人员范围：由系统工程师、客户和其他项目利益相关者组成的领域专家。

步骤 2b：确定质量属性和系统非功能性要求（NFR）

目标：将场景和需求转化为一组质量属性，例如可靠性、可用性、安全性以及其他属性，包括相关的非功能性需求。

可交付成果：在分解非功能性需求时，系统工程师可以选择使用特定的质量框架或主题来分解其类型（安全性、可靠性等），并考虑这些非功能性需求是否适用于整个系统或其中某个部分。其他非功能性需求可能同时受到正反两面影响，这些权衡会对流程的后续架构步骤产生影响。说明性示例可以在第 8 章第 8.2.2 小节和第 9 章图 9 - 2，以及第 9.1.3 和 9.2.2 小节中找到。

人员范围：系统工程师与某些质量领域（例如安全领域）的客户和专家。

步骤 3.1：识别高级功能

目标：查找系统的顶层功能。顶层功能是用来组织系统功能的那些功能。它们可以通过前期对具有相似功能系统的调研，或分析待开发系统的主要输入和输出来进行识别，即：识别系统工程群体中所谓的系统环境。

可交付成果：使用 SysML 块定义图表示的功能层次结构的顶层作为输出成果。第 8 章图 8 - 4 和第 10 章图 10 - 3 给出了示例。

人员范围：与客户和用户合作的系统工程师。

步骤 3.2：将功能分解为子功能

目标：构建功能层次结构，识别系统每个高级功能的子功能，并继续直到子功能或子功能的分解粒度适合进入后续的分配步骤（步骤 4.1）。步骤 3.2 是构建功能层次结构的某种迭代过程的组成部分。

可交付成果：使用 SysML 块定义图表示的功能层次结构。在第 8 章图 8 - 5、图 8 - 6 和图 8 - 7 以及第 9 章图 9 - 9 中给出了说明性示例。

人员范围：与客户和用户合作的系统工程师。

步骤 3.3：功能架构展示

目标：呈现功能架构用于识别功能层次结构、功能流或行为以及功能接口。

可交付成果：使用 SysML 块定义图表示的功能层次结构的功能架构。该图与用于表示行为的系统主要功能流的活动图相辅相成。N² 表用作对接口的描述，其中标识了主要功能接口，此外还提供了对系统功能的文字描述。请参见图 4 - 4 作为此可交付成果的简单示例。说明性示例可在第 8 章第 8.2 节和第 9 章第 9.2 节中找到。

人员范围：与客户和用户合作的系统工程师。

步骤 4.1：功能分配

目标：确定解决方案的构建元素，以实现步骤 3.3 中表示的每个功能。

可交付成果：确定解决方案的构建元素或物理组件。这里应用了第 6 章中描述的模块化启发式方法来确定解决方案中的元素，并使它们尽可能独立，即：具有低外部复杂性（低耦合）和高内部复杂性（高功能内聚）的解决方案元素。分配可以用表格形式表示，也可以使用 SysML 块定义图中的符号表示，它们作为步骤 4.2 中可交付成果的一部分。第 9 章图 9 - 13 中给出了说明性示例。

人员范围：系统架构师。

步骤 4.2：模型架构展示

目标：解决方案的选择主要基于功能的集群，以获得模块化架构。

可交付成果：是物理架构的第一个版本。模块化体系结构通过使用 SysML 块定义图，将系统分解为子系统和部件来进行表示。该图与 SysML 内部块图相辅相成，表示系统的物理组成，其中每个子系统具有逻辑或物理连接器，以及根据需要对行为进行描述的活动和状态图。此外还可以提供系统块的文本描述。

人员范围：系统架构师。

步骤 4.3：架构细化

目标：考虑到非功能性或质量属性需求的实现，需要对上一步的模块化架构进行细化改进。设计启发法用于考虑系统的非功能性需求，它是一种通过设计决策来操纵质量属性模型的某些性能，从而满足非功能性需求的方法。第 6 章中介绍的启发式方法与可维护性、安全性、效率以及恢复性有关。

可交付成果：利用表 4-2 中提供的模板，可记录每个用例的启发式方法。启发式集合是一种资产，将根据已结束项目中获得的经验进行更新。可以采用权衡研究来执行对优选物理架构的选择，而该架构优化了在步骤 2a 中所定义的有效措施。权衡研究用于 ISE & PPOOA 方法以补充启发式应用，请参阅第 11 章。

人员范围：与客户和一些质量领域（例如安全性与可靠性方面）的专家进行协作的系统架构师。

表 4-2　项目启发式描述的模板

目标	使用启发式的主要目的
描述	对启发式的描述，包括用于实现既定目标的手段
基本原理	这种启发式的声明可以帮助实现质量目标，即可维护性、安全性、效率、适应性或其他
影响	对任何假设、成本和其他系统或项目问题使用此启发式方法的影响
副作用	对其他质量属性的副作用
模式	任何实现这种启发式的架构模式
相关的启发式	替代或互补启发式

步骤 4.4：展示系统物理架构

目标：表示解决方案的最终架构或优化改进的物理架构。

可交付成果：是应用启发式设计后获得的优化后的物理架构。使用 SysML 块定义图将系统分解为子系统和部件来表示优化的物理架构。该图补充了 SysML 内部框图用以表示系统物理块，且每个子系统具有逻辑或物理连接器，并根据需要提供行为描述的活动和状态图。此外，也可以提供对系统部件的表格描述。图 4-5 是物理架构中可交付成果的简单表示。物理架构的说明性示例请参见第 8 章第 8.3 节和第 9 章第 9.3 节。

人员范围：与某些质量领域例如安保与安全方面的客户和专家进行协作的系统架构师。

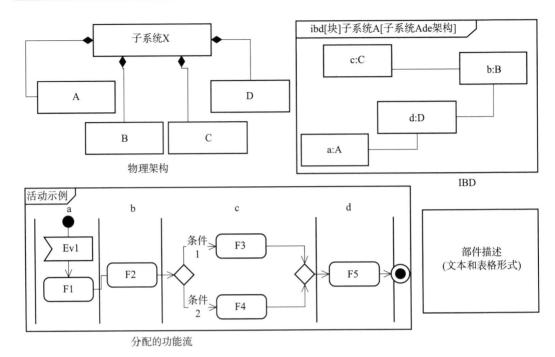

图 4 - 5　物理架构可交付的成果

4.4.2　软件架构子流程

上述系统工程子流程适用于任何一个非软件密集型子系统及其组件。对于软件密集型子系统，则使用如图 4 - 6 中的活动图所示的 PPOOA 子流程。

系统工程建模过程 ISE 和 PPOOA 软件架构建模过程之间的集成，是通过类职责协作器（Class Responsibility Collaborator，CRC）支持的责任驱动软件分析来实现的，这是一种由面向对象组织提出的技术[9]。职责驱动建模的指导原则是，通过询问每个部分对子系统的职责，获得软件子系统如何划分这个核心问题的结果。这体现了功能、功能分布、通信、局部控制、应对变化的稳定性等问题。

PPOOA 不仅仅是一个过程，它是一个面向实时系统进行软件设计的架构框架。PPOOA 使用两个视点：结构使用由 PPOOA 构造型扩展而来的 UML 类图，以及由 UML 活动图支持的行为。

构建元素的 PPOOA 词汇表由组件和协调机制组成。组件是一个概念上的计算实体，它执行某些职责并且提供某些需要使用到其他组件的接口。通常，它可以分解成小粒度的部分。协调机制提供了与软件架构组件进行同步或通信的能力。同步是指阻止软件进程，直到满足某些特定的条件。通信是指在软件架构的组件之间进行信息传递[7]。

PPOOA 架构框架支持的构建元素有：

1）算法组件。这些是软件架构的元素，它们执行计算或将数据从一种类型转换为另一种类型，但与其结构抽象分离。数据分类组件、Unix 过滤器或数据处理算法通常代表这些架构元素。PPOOA 中的算法组件类似于 UML 元模型中的实用程序，但算法组件可

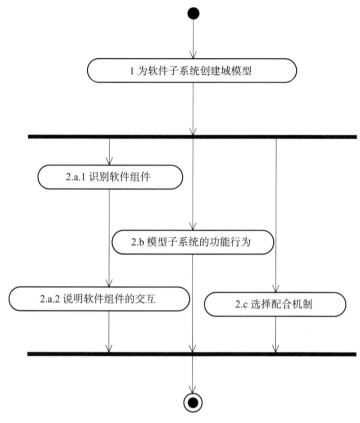

图 4 - 6　PPOOA 子流程

能有实例。

2）域组件。直接对应建模问题的软件架构元素，不依赖于硬件或用户界面。在传统的面向对象设计中，域组件的实例对应于软件对象。

3）流程。软件架构的构建元素，它实现一个或一组可以与其他流程同时执行的活动。PPOOA 架构框架支持两种不同类型的软件过程：周期性的和非周期性的。

4）结构。一个组件，表示一个或一组对象，其特征是抽象状态机或抽象数据类型，例如堆栈、队列、列表、环等。

5）控制器对象。用于直接启动和管理一组可以重复、替代或并行的活动。可以根据一组事件或条件来执行这些活动。

6）PPOOA 支持的协调机制是由目前主流的实时操作系统来实现的信号对象、有界缓冲区、邮箱、通信机制传输器和通信协议。

PPOOA 作为一个架构过程，本质上是一个迭代过程，分为主要步骤和次要步骤。次要步骤未在图 4 - 6 中表示，主要步骤是对遵循软件子系统组件、它们之间的接口以及软件子系统所实现的主要并发活动流的辨识。

这里的关键步骤是图 4 - 6 中的步骤 1，即创建软件子系统的域模型。与项目团队从早期系统需求中得到的结果相比，域模型产生了更精确的软件需求规范。它使用了比文本描述更多的形式规范来进行描述；例如 UML 类图，可用于推理软件子系统的内部工作。当子系统在软件架构、设计和实施中成型时，域模型是必不可少的输入。

CRC 卡片（表 4-3）是索引卡片，每个域模型类别都有一张索引卡，上面简要记录了该类的职责，以及为实现这些职责需协作类的列表。使用 CRC 卡可将复杂性降至最低，它让设计师专注于类的基本要素，以免去设计师在深入了解类别细节时可能产生的反作用。此外，它还可避免架构师给类赋予过多的职责。

表 4-3　CRC 卡模板

类名称
软件类标识
类职责
1）该类知道什么？
2）该类做什么？
类协作
1）正在合作完成其职责的其他类

基于文本的 CRC 卡在全面记录协作方面的能力有限，使用 UML 图的域模型可以更好地表达对象和整体之间的联系。图 4-6 中所示过程的软件架构过程有四个主要步骤，这些步骤是并行或迭代地执行。为简单起见，图 4-6 中只表示了流程步骤，没有将某些步骤的输入和输出的可交付成果表示出来。

将每个步骤的目标、产生的可交付成果和实现目标所需的概要总结如下。

步骤 2a.1：软件组件识别

目标：创建系统概念组件的初始集合。软件概念组件是一个计算实体，它执行分配的职责，为其他组件提供接口，并且可能同时也需要其他组件的一些接口。上面给出了 PPOOA 框架提供的组件类型的示例。

可交付成果：架构图由 PPOOA 体系结构图表示，代替 UML 组件图来描述软件体系结构，但它与 UML 类图保持了一些相似之处。架构图侧重于对软件组件和协调机制以及它们之间依赖关系的表达。还表示了组件之间的组合关系。这里表示了两种类型的交互关系：同步和异步。后者在软件体架构中通过使用 UML 原型的协调机制来实现，并由如上所述的 PPOOA 框架提供。

图 4-7 显示了将 PPOOA 用于三个机械臂的软件控制器架构的结构视图示例。工作指令被分解为子工作指令，这些子工作指令最终可将微坐标传递给轴计算机，轴计算机中包含了负责机械臂实际运动的设备驱动程序。

图中显示的三个程序用来执行活动计划。首先，它们接收工作指令并创建计划。每项计划都会产生一系列的子工作指令，这些子指令异步传递给微坐标生成程序。每个程序生成的微坐标都与其控制的机械臂相关联。图 4-7 中显示了用于协调目的的五个缓冲区和

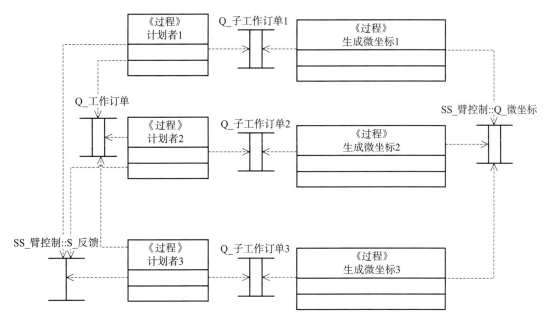

图 4 - 7　控制器子系统的结构视图

一个同步机制。

　　PPOOA 构建元素用来完整表示软件架构的静态视图,包括进程、被动组件以及通信软件的缓冲区或队列。第 9 章中的图 9 - 20 展示了一个说明性架构图,其中包含为协作机器人进行软件功能分配的而标识的软件组件。

　　人员范围:软件架构师和软件工程师。

　　步骤 2a.2:指定软件组件接口

　　目标:将标识的组件操作分组到对架构解决方案有意义的接口中。

　　可交付成果:组件接口以文本和表格的形式进行描述。从架构的角度来看,组件的接口比实施接口的方式更重要,可以在不影响体系结构的情况下,用等效接口的一个组件替换另一个组件。

　　人员范围:软件工程师。

　　步骤 2b:模型子系统的功能性行为

　　目标:表达软件子系统架构的动态或行为视图。描述一个系统的静态结构,揭示它包含的元素以及元素间是如何关联的,但它不能解释这些元素如何协作来提供软件子系统的功能。

　　可交付成果:行为视图是结构的补充。为了表示系统行为,建议使用 ISE ＆ PPOOA 系统工程子过程中的 UML/SysML 活动图对其进行建模。每个事件响应都由活动因果流(Causal Flow of Activities,CFA)表示,CFA 是跨越软件架构的不同构建元素活动的因果链。该链随时间的推移而发展,并执行软件架构组件所提供的活动,直至到达终点。

　　图 4 - 8 是表示三个机械臂软件控制器的一个因果流 CFA 示例,其结构视图如图 4 - 7 所示。使用 UML 分区(泳道)概念的活动分配是 PPOOA 结构框架的重要贡献,用于表示

CFA 活动对系统体系结构组件和协调机制的映射。这种分配是工程中的一个关键问题，它允许对不同的设计决策进行评估。第 9 章中的图 9 - 21、图 9 - 22 和图 9 - 23 显示了协作机器人软件行为的一些 CFA 示例。

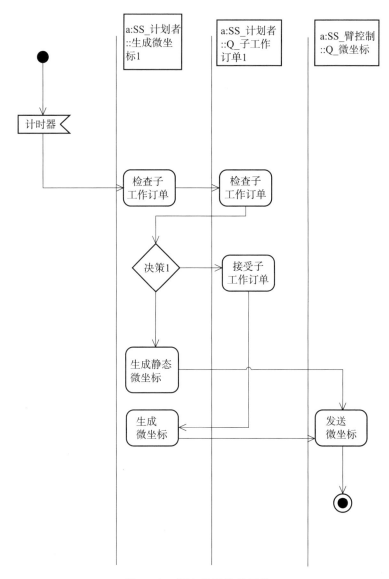

图 4 - 8　CFA 执行的子工单

人员范围：软件架构师、软件和系统工程师。

步骤 2c：选择协调机制

目标：确定更合适的协调机制（信号对象、缓冲区或其他）来实现软件架构中组件之间的异步交互。

可交付成果：协调机制用于实现软件组件之间的异步交互。它们在软件架构的结构视图中由版型图标表示，在行为视图中由泳道表示。图 4 - 7 显示了一个信号对象和五个缓冲区的使用。第 9 章的图 9 - 20 显示了协作机器人软件架构中使用的协调机制。

人员范围：在软件架构师协调下的软件工程师。

4.5　能效问题流程的扩展

ISE & PPOOA 能源过程将基于模型的系统工程与关于能效的质量和能量平衡问题相结合，这些问题涉及集成在单个工程过程中的多项活动，例如效率分析的环境定义，对一个完整的工厂或一个待分析的过程进行系统建模，以及在适当的抽象层次上由 SysML 块定义图对物质和能量平衡进行的方程提取。

这种方法允许研究替代方案，范围从调整操作参数到更换更有效的设备，但在功能和与其他元素的接口方面是等效的，这反映在通过基于模型的系统工程应用而获得的 SysML 内部块定义图中。

工厂模型是用支持广泛理解的 SysML 标准符号构建的。使用过程中允许采用进行效率分析所需的详细程度来描述工厂，这种效率分析比草图更严格，但不如建造工厂的工程可交付成果详细。

因此，将 MBSE 应用于工厂的能效时需要使用结构图来表示工厂及其能源相关过程。这里使用 SysML 块定义图分层表示工厂及其组成部件。使用 SysML 内部框图表示工厂复杂部件的内部结构，即它的部件、部件接口以及接口间的连接器。

这里提出的另一个由 SysML 标准符号支持的图是参数图，用于显示构成工厂部件的关系或方程以及部件的值属性。

这种方法的步骤，我们称之为 ISE & PPOOA/energy，如图 4 - 9 所示。它类似于一个再造工程项目，被应用于已经构建的系统。

第 1 步：确定拟分析系统的背景和边界。

第 2 步：使用 SysML 符号并根据第 4.4 节和图 4 - 3 中描述的 ISE & PPOOA 过程，获得相关系统的功能和物理架构图。

第 3 步：识别系统块之间的主要物质流和能量流。

第 4 步：详细说明并确定主要物质流和能量流的方程、图表、表格及其相关性。

第 5 步：根据系统的自由度确定要评估的系统是否可以求解。

第 6 步：使用必要的计算机工具求解方程和相关性。

第 10 章的 10.2 和 10.3 节是燃煤电厂蒸汽产生过程的功能和物理架构的说明性示例。

简而言之，上述步骤包括识别要分析的系统（一个完整的工厂或工厂中的一个过程），以及用系统建模的技术，特别是 SysML 标准支持的块定义图和内部块图来表示系统架构。步骤 3 和步骤 4 通过使用内部框图中的接口和连接器信息对物质和能量的主要流动进行识别，这些接口和连接器对系统的物理架构进行建模，从而对每个流中的已知和未知的内容进行确定。

在步骤 4 中，确定方程、等式和相关性以获得每个流中的未知值。此外，如有必要，过程限制可以与一些变量（例如最高温度或压力值）相关联。SysML 约束块用于显示如何约束与物质和能量流动相关的属性[10]。

约束块包含了对物理属性的约束，在此使用约束块来定义与物质和能量流动相关的方程、等式和相关性。工程师可以从块定义图上将现有约束块组合成复杂的约束块。这些图用于定义约束块，其方式与用于定义工厂物属性块的方式类似。

通过步骤 5 来确定步骤 4 中所建立的方程及其数量是否足以确定因变量。为了得到唯一解，所分析的系统自由度数目应该为零，也就是说变量的数目，包括物质和能量平衡的数目，应该等于使用的其他相关性相结合的方程的数量。如果自由度数目为正数，则系统无法求解，强制返回步骤 2，并执行物理块的逻辑分组（参见工厂设备）以减少因变量的数目。基于层次结构和块的系统方法非常有用，我们将在第 10 章的燃煤电厂蒸汽生产过程的示例中展示这一点。

在步骤 6 中，使用适当的计算机工具求解方程和相关性。

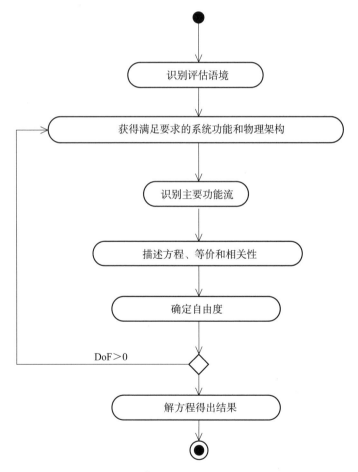

图 4-9 ISE & PPOOA/能源工程的流程

4.6　总结

本章介绍了 ISE & PPOOA 过程。此过程将 MBSE 与软件架构进行集成，可应用于软件密集型系统或任何包含软件子系统的系统。

本章所讨论的 ISE & PPOOA 过程基于以下基础：

1）独立于技术解决方案的功能架构，由功能、功能流和功能接口的层次结构表示。

2）处理使用设计启发法来实现的非功能性需求。

3）由构建元素的层次结构和 SysML 内部框图表示的物理架构。从模块化架构到用于实施满足非功能性系统需求的设计启发式优化方法，物理架构的创建和优化分几个步骤进行。

4）从系统工程模型到软件架构的桥梁是软件子系统的域模型，它用于识别特定的软件子系统类并使用 CRC 卡片进行描述。

5）PPOOA 架构框架用于对软件架构进行建模。

ISE & PPOOA 流程扩展到处理与工厂相关的能效问题。这种能效工程的过程称为 ISE & PPOOA/energy，它基于系统工程模型与代表质量和能量平衡的方程及相关性的组合。

4.7　问题与练习

1）需要和要求有什么区别？

2）模块化架构是什么意思？

3）我们需要什么来使用启发式？

4）什么是域模型？

5）PPOOA 架构框架中的软件协调机制是什么？

6）如果能效问题的自由度大于零会怎样？

参 考 文 献

［ 1 ］ Fernandez, J. L., "An Architectural Style for Object – Oriented Real – Time Systems," Proc. 5th International Conference on Software Reuse, Victoria, Canada, June 2 – 5, 1998.

［ 2 ］ Firesmith, D., "Using Quality Models to Engineer Quality Requirements," Journal of Object Technology 2, Vol. 25, 2003, pp. 67 – 75.

［ 3 ］ Chung, L., B. A. Nixon, E. Yu, and J. Mylopoulos, Non – Functional Requirements in Software Engineering, Norwell, MA: Kluwer Academic Publishers, 2000.

［ 4 ］ Hitchins, D. K., Advanced Systems Thinking, Engineering, and Management, Norwood, MA: Artech House, 2003.

［ 5 ］ Eppinger S. D., and T. R. Browning, Design Structure Matrix Methods and Applications, Cambridge, MA: MIT Press, 2012.

［ 6 ］ Bustna, T., and J. Z. Ben – Asher, "How Many Systems Are There? – Using the N2 Method for Systems Partitioning," Systems Engineering, Vol, 8, No. 2, 2005, pp. 109 – 118.

［ 7 ］ Fernandez – Sanchez, J. L., and A. Monzon, "Une Extension d'UML pour les Architectures à base de Composants Temps Réel," Genie Logiciel, Vol. 60, 2002, pp. 10 – 17.

［ 8 ］ Fernandez – Sanchez, J. L., and B. J. Mason, "A Process for Architecting Real – Time Systems," Proc. 15th International Conference on Software & Systems Engineering and their Applications, Paris, France, December 3 – 5, 2002.

［ 9 ］ Beck, K., and W. Cunningham, "A Laboratory for Teaching Object – Oriented Thinking," Proc. OOPSLA Conference on Object – Oriented Programming Systems, Languages and Applications, New Orleans, LA:, October 3 – 6, 1989.

［10］ Friedenthal, S., A. Moore, and R. Steiner, A Practical Guide to SysML, The Systems Modeling Language, Burlington, MA: Morgan Kaufmann, 2008.

第 5 章　功能架构

本章将系统功能架构描述为 ISE & PPOOA 方法中最关键的可交付模型。功能架构是对独立于技术解决方案的系统行为（系统做什么）的表示，它比第 7 章中描述的物理架构在时间上更为稳定。功能模型也是获得系统级新功能需求的来源。

5.1　功能架构的重要性

5.1.1　系统工程中的功能架构

传统的系统工程将系统开发描述为依赖于功能范式的自顶向下的过程，其中所需的系统功能（系统做什么）被分配给执行它们的物理元素（组件）。将功能分配给包括人在内的物理元素可能会产生不同的解决方案，但这些不同的解决方案应始终是为了实现先前确定的功能。这种方法是由建筑师沙利文（Sullivan）为建筑设计提出的，即"形式遵循功能"，按照沙利文的观点，建筑的设计应该基于它们想要满足的功能。

自 1950 年以来，功能分析方法已被应用于许多防御系统的开发，同时还在航空航天、汽车和船舶设计公司的设计实践中被采用，在这些设计中，功能模型被用于获取功能需求并促进需求流动。

按照上述方法，需要将系统的功能架构作为第一个要建模的架构，然后再将解决方案建模为物理架构。这种功能架构可以用下面各种图表和文本描述来表示。

有两个主要模型是 MBSE 的基础：功能模型（这里称为功能架构）和结构模型（这里称为物理模型），如第 7 章所述。在进行功能建模和物理建模之前，通过一些面向对象的系统建模方法先进行系统结构的识别和建模。这些方法可能会违背架构规定的"形式遵循功能"的结果，从而难以将功能需求追溯到系统的物理组件。

正如 Carson 和 Sheeley 所说的那样，利用系统的功能架构可以根据操作需求，验证其功能和性能，对系统架构中物理实体进行子功能分解与分配，以及识别和操作接口[1]。

表示问题空间（系统做什么）的功能架构应该处于其层次结构的最高级别，并独立于技术解决方案，这一特性使得系统的功能架构比更依赖于技术发展的物理架构更加持久稳定。因此，一个系统的功能架构可以重复用于相同产品族的类似系统，以及具有类似任务或相同应用领域的系统，从而节省开发时间和资金。

功能架构是建立系统性能要求完整性的必要输入。性能要求量化了系统或其某个部分执行特定功能的程度。功能架构也可用作识别和分类潜在系统安全隐患时的输入。

功能架构代表了机电系统开发的核心模型。机电系统是由机械、电子和软件部件组成的系统，例如本书中第 8 章和第 9 章的示例。对于那些机电系统，功能架构可以被视为集成了机电系统开发中涉及的各种工程专业的框架。首先对功能进行识别并建模，然后决定如何使用不同的技术进行功能的分配和实现。

5.1.2　软件密集型系统的功能架构

软件功能建模是在 20 世纪下半叶发展起来的，目前已广泛应用于航空、航天及信息系统中。

结构化分析和设计技术（Structured Analysis and Design Technique，SADT）是最流行的功能建模方法之一。SADT 是一种将系统描述为功能层次结构的方法，是一种结构化的分析建模语言，使用两种类型的图表：功能模型和数据模型。它由 Douglas T. Ross 在 20 世纪 60 年代末开发，并于 1981 年正式确定并发布为 IDEF0。

在 20 世纪 80 年代后期，软件设计范式发生了从面向功能到面向组件或面向对象的变化。这种设计范式的改变有助于软件重用，但是当行为方面经常使用案例或信息图而不是功能架构来表示时，将会产生重要的影响。UML – SysML 序列图是交互图的一种形式，它将对象显示为沿着图表运行的生命线。随着时间推移，它们的交互被表示为从源生命线到目标生命线的箭头所绘制的信息序列图（附录 A）。序列图擅长显示对象之间的通信，以及哪些消息触发这些通信，但它们并不表示系统的功能。

5.2　功能是一种变换

5.2.1　功能架构模型的主要概念

第 4 章描述的 ISE & PPOOA 方法的概念模型中，介绍了与功能架构建模相关的一些主要概念；表 5 – 1 中总结并描述了其他更为细化的功能架构概念，以及部分从文献中借鉴的其他概念。

表 5 – 1　功能架构模型中使用到的主要概念

概念	来源
功能	ISE & PPOOA 概念模型（第 4 章）
活动	SysML 标准
行动	SysML 标准
信号	SysML 标准
非流式活动	SysML 标准
条件	SysML 标准
流媒体活动	SysML 标准
事件(时间事件、变更事件)	SysML 标准

首先要考虑的概念是功能。如第 4 章所述，在 ISE & PPOOA 方法中，功能被视为输入（材料、能量或数据）到输出（材料、能量或数据）的转换。将功能定义为转换，则允许对物理系统或信息系统的任何系统或过程，进行功能分析和建模。其他的来源，例如

INCOSE 手册中，则将更为普遍的功能定义为实现预期结果而必须执行的特征任务、行动或活动[3]。

在 SysML 标准中，功能被定义为活动，因此 SysML 活动是项目作为输入和输出的转换。因此，项目可以是物理（物质或能量）、数据或软件对象，无论是物理性的还是信息性的，它都是可以流经系统的实体[4]。

活动的用法称为操作，是指如何在另一种封闭活动的定义中进行使用。活动实例是对一项活动的特定执行。控制是指确定活动何时执行其转换，包括启动和停止某种转换或功能[4]。

信号的发送和接收是一种机制，用于在不同系统块的环境中执行的活动之间进行通信，并用于处理超时等事件。信号有时用作外部控制输入，以在已经开始的活动中启动动作[5]。

我们可以考虑两种主要类型的活动：非流式和流式。非流式活动是那些只在开始和结束时接受输入并提供输出的活动。流式活动是指在其操作期间随时接受输入并提供输出的活动。

在 SysML 标准中，活动的参数可以被指定为流式或非流式，但这将影响相应活动参数节点的行为。非流式输入参数的活动节点只能在活动执行开始之前接受口令，而其输出参数的活动节点只能在活动执行完成后提供口令。这与流式参数形成对比，其中相应的活动节点可以在整个活动执行过程中连续接受输入口令或生成输出口令[5]。

流式活动在输入项可用时开始，连续接受新的输入项，并无限期地提供输出项，直到控制活动提出终止。

其他与功能架构和系统行为相关的主要概念包括条件、事件、状态和模式。

条件就是系统[6]中由对象属性形成的逻辑表达式的布尔组合。

在 SysML 标准中，事件具有不同的含义。时间事件对应于（隐式）计时器的结束。在这种情况下，动作具有单个输出引脚，其中包含已接受事件发生的时间。变更事件对应于某个被满足的条件表达式（通常涉及属性值）。在这种情况下没有输出引脚，但是当接受变更事件时，该操作将在所有传出控制流上生成控制口令。变更事件也可能与结构特征值的改变有关，例如流属性[5]。

第 4 章中所描述的状态表示系统或部件的状态，由其当前状态/配置以及功能进行定义。在 ISE & PPOOA 中，当状态被用来识别系统可能提供不同功能的不同条件/配置时，状态图被用来补充由活动图建模的行为描述。

对于许多作者来说，模式是状态的同义词，但也有一些人将模式定义为可能存在于任何系统中的条件组合，并对用户感知方式产生广泛影响[6]。

5.2.2　功能架构模型

本节总结了功能架构模型中最常用的图形表达，但重要的是为了强调功能架构模型的主要目的是什么，即：

1）系统为满足其需求而必须执行的所有功能的层次结构；

2）定义系统行为的主要功能流；

3）功能接口。

除了图形表示外，每个功能还可根据输入、转换和输出进行描述。

本节描述了一些业内用于功能架构建模的常见图形表示。正如 Long 所描述的，在 SysML 标准发布之前，最常用的表示形式是功能流框图（Functional Flow Block Diagram，FFBD）、数据流图（Data Flow Diagram，DFD）、IDEF0 图、N^2 图和增强功能流框图（Enhanced Functional Flow Block Diagram，EFFBD）[7]。

FFBD 是系统工程师用来模拟系统主要功能流的首批图形表示法之一。FFBD 仅显示功能的控制顺序，而不显示它们之间的项目流。一组控制结构可用于表示并发、替代、循环和迭代。图 5-1 是 FFBD 的简单示例，其中功能 F3、F4 和 F5 是并行执行的。

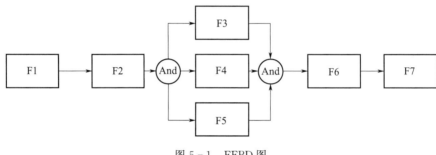

图 5-1　FFBD 图

DFD 将系统表示为接受和生成数据的功能网络，DFD 将终止符或外部实体显示为正方形，功能在同一层次结构上显示为图形，它们之间、外部以及进出存储的箭头表示数据流。存储区用于表示由一组功能操作的项目或集合。

每个高级气泡（父功能）都可以分解为较低层级气泡（子功能），这些气泡由它们之间流动的数据连接，支持系统功能自顶向下建模。

流也可以是收敛或发散的，当某单个流加入另一个单个流时，它们会收敛。类似地，如果功能输出流的子集是两个或多个后续功能的输入，则单个流可能会发散。

DFD 表示法是由 DeMarco[8] 提出的，其他学者对控制转换和事件流进行扩展，允许其对反应性实时系统进行建模[9]。

目前，DFD 补充了对功能规范以及存储和数据项的描述。数据项可以是单元的或复合的。

图 5-2 是一个 DFD 示例，具有两个终结器或外部实体（E1 和 E2）、一个存储（S1）和四个功能（F1、F2、F3 和 F4），以及用箭头表示的几个数据流的连接。

在 20 世纪 70 年代，美国空军综合计算机辅助制造计划（Integrated Computer Aided Manufacturing，ICAM）通过严格应用计算机技术来提高制造业生产率。因此，ICAM 开发了一系列被称为 ICAM 定义（IDEF）技术的程序，其中包括用于生成功能模型的 IDEF0。

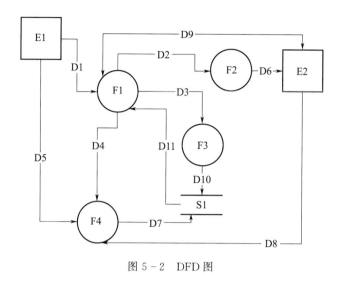

图 5 - 2　DFD 图

1991 年，美国国家标准与技术研究院（National Institute of Standards and Technology，NIST）得到美国国防部的支持，为建模技术制定了多个联邦信息处理标准（Federal Information Processing Standards，FIPS）[10]。

IDEF0 功能模型由相互交叉引用的一系列分层图表、文本和词汇表组成。两个主要的建模元素是功能（在图表上用方框表示）以及将这些功能相互关联的数据和对象（用箭头表示）。

此处总结了 IDEF0 中使用的基本符号。每个功能用一个方框表示，每个功能框有标准的方框与箭头关系，输入箭头在方框左侧与其连接，控制箭头在框顶部与其相连，输出箭头在框右侧与其相连。执行该功能的机制或物理资源是用指向上方并连接到框底部的箭头表示，这些机制代表了系统组件，当系统的物理元素被识别时，功能便被分配到组件中。

与图表可能有关联的结构化文本，用于提供对图表的简明描述。文本用于描述流程和框间的联系，以阐明具有重要意义的项目和功能模式的图意，但文本不应仅用于对框和箭头[10]含义的重复描述。

图 5 - 3 是 IDEF0 图的一个示例，将四个功能中的两个标记为 F2 和 F3，并且使用相同的机制 M2 并行执行。此外，图中还有输入、输出和控制的表示。在将功能分配给物理元素之前，也可以将没有机制的 IDEF0 模型视为一个功能架构模型。

EFFBD 表示控制流时类似于 FFBD，但它还可表示同一图中的数据流，因此也表示了功能的输入和输出。功能须通过控制序列中位于其之前的其他功能才可启动，与 FFBD 类似，如果输入数据被识别为触发器时，则在它可以执行之前被触发[7]。可以建立 EFFBD 和 UML - SysML 活动图在构造之间的对应关系[4]。

SysML 活动图（附录 A）定义了活动中的动作以及它们之间的输入/输出流和控制，因此活动分解为一组动作，描述活动如何执行以及输入和输出如何转换。活动是基于与 Petri 网相关的口令流语义。

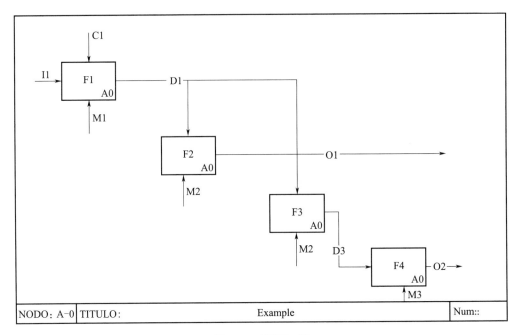

图 5-3 IDEF0 图

SysML 中有几种不同类别的活动，包括发送信号、接受事件和等待时间等。动作符号因动作类型而异，但通常为圆角矩形。调用动作是一类特殊的动作，当它被执行时会启动另一个行为。调用动作允许将较高级别的行为分解为一组较低级别的行为。调用动作可用于表达出现在多个位置的公共功能块，并将其定义在单独的行为中，只需多次调用[11]。

控制节点用来控制活动沿路径的执行，而不是简单的动作序列。控制节点可以指导活动中控制口令和对象口令的流动。控制节点有七种类型：初始节点、活动终结节点、流终结节点、决策节点、合并节点、分叉节点和连接节点。

默认情况下，动作和活动仅在它们开始执行时才使用它们的输入对象口令。类似地，它们仅在完成执行时才交付其输出对象口令。在第 5.2 节中，我们将其称为非流式行为。

一个活动可能有多个输入和输出，称为参数。

引脚符号是位于动作符号外表面上的小方框，可以包含箭头，用来指示引脚是输入还是输出。

口令中保存有输入、输出和从一个动作流到另一个动作的控制值。动作用来处理放置在其引脚上的口令。引脚可充当缓冲区，在执行之前或执行期间存储动作的输入和输出口令；输入引脚上的口令被动作消耗和处理，并被放置在输出引脚上以供其他动作接受[5]。

对象流用于在对象节点之间，表示物理和/或信息项目（物质或能量）的输入/输出口令。活动参数节点和引脚是对象节点的两个示例。

ISE & PPOOA 使用 SysML 活动图的简化版本，仅表示系统的功能流，即系统对事件或周期性计时器响应的主要序列。

图 5-4 展示了如何在 ISE & PPOOA 中使用 SysML 活动图。它代表具有不同控制节点（初始节点、分叉和加入节点、决策和合并节点以及活动最终节点）、一个等待动作的活动和七个非流式行为动作。动作 a2 和 a3 并行执行，动作 a5 和 a6 是根据条件 1 和 2 执行的替代动作。这里没有介绍功能分配，因为它在功能分配之前表示为一个功能流。当功能分配完成后，活动图允许使用分区表示，即俗称的泳道。

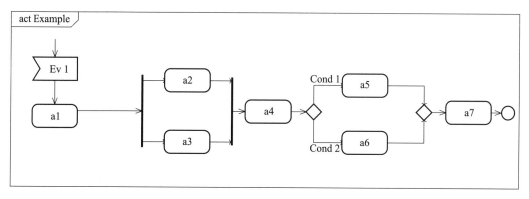

图 5-4　Activity diagram

在第 4 章中，我们提出的 ISE & PPOOA 方法用于功能架构模型的图形、表格和文本表示，这些模型是用 SysML 块定义图的功能层次结构，并辅以主要系统功能流的活动图来对系统的响应或行为进行表示的。N^2 图用作接口描述，标识了主要功能接口。尽管 SysML 活动图也允许用来表示活动发送或接收的项目，但为了简单和易懂，我们建议使用 N^2 图表进行功能接口的描述。此外，还应提供每个系统功能的表格文本描述（表 5-2）。

表 5-2　功能描述的表格格式

功能名称
标签
描述
输入
输出
父功能
子功能

对于软件密集型子系统的软件架构，PPOOA 框架还建议使用 UML 活动图来表示软件密集型子系统的行为，即对外部、内部事件或时间事件产生响应的动作链。这个动作链在 PPOOA 中被称为 CFA，它代表了一个跨越软件架构不同构建元素的因果关系链，这个链随时间推移，执行分配给软件架构组件的动作，直至到达终点[12]。

5.3　功能层级的建模

图 5-5 所示的功能层级或功能分解结构是第 4 章中 ISE & PPOOA 过程所涉及的步骤 3.1 和 3.2 的结果。这个层级结构表示系统的顶级功能及其子功能。

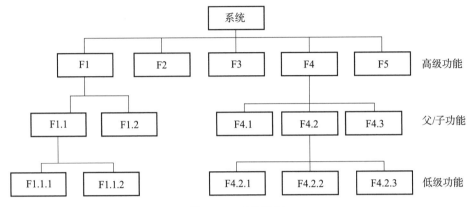

图 5-5　功能层级

功能层级的建模可能会产生不同的结果，具体取决于用来对它进行开发的方法和标准。在任何情况下，目标都是生成具有以下特征的鲁棒功能层级结构：

1）全面覆盖系统功能；

2）高内聚力；

3）功能层级与表示行为的功能流之间具有一致性。

功能层级应该只需考虑到与当前开发阶段要处理的问题相适应的详细程度。对全覆盖概念的评估结果是，如果没有功能生成就没有系统输出。

高内聚是一个更复杂的问题。正如 Stevens 等人所述[13]，内聚是对功能相互关联程度的衡量。因此，内聚可以是：

1）当执行一组相似或相关转换时的功能性；

2）当一种功能的输出变成下一种功能的输入时的次序性；

3）功能共享数据时的通信性；

4）当一串功能彼此作为功能流一部分时的操作性；

5）当功能同时出现时的时间性；

6）当功能执行一系列类似活动时的逻辑性。

功能层级和功能流之间的一致性意味着功能流中表示的活动和动作必须存在于功能层级中。

ISE & PPOOA 方法可以应用两种途径来对系统的功能层级进行建模：一种是自上而下的；另一种是自下而上的。在某些情况下，也可以根据对系统和经验的理解将两者结合起来。

5.3.1 功能层级自上而下的方法

当使用自上而下的方法构建功能层级时，工程师选择在 ISE & PPOOA 过程（第 4 章）的步骤 2.a 中获得的系统能力和高级功能需求，并遵循 ISE & PPOOA 流程的第 3.1 步将它们转换为高级功能列表（第 4 章）。

需要注意的是，有时一项能力会转化为一组功能、性质或质量属性。以无人机的长续航能力为例，它可转化为机翼的空气动力学特性、健康监测等系统功能以及系统可靠性等质量属性。对于协作机器人而言，能力是无害的，可转化为机械臂的物理属性，而系统安全性可转化为质量属性，应急管理能力可转化为系统功能。

通常使用系统上下文视图来识别其主要输入和输出，这有助于识别接收此类输入和此类输出的功能。

另一个有用的策略是在应用程序的相似领域中使用功能的分类法来开发系统。例如，商用飞机[14]的 INCOSE 分类法或工业过程的功能分类法包括：分支、通道、连接、控制幅度、转换、供应、信号和支持[15]。

当需要进一步了解其输出时，必须分解每个功能。当父功能分解为子功能时，分解过程必须保存父功能的所有输入和输出。这种接口一致性在表示父子层级结构的图中得到了强制执行。内聚，尤其是功能内聚应该得到保证。

5.3.2 功能层级自下向上的方法

当使用自下而上的方法构建功能层级时，工程师选择从 ISE & PPOOA 过程（第 4 章）的步骤 1 中获得的系统操作场景，并遵循 ISE & PPOOA 过程的第 3.3 步（第 4 章）和第 5.4 节中阐述的方法，将它们作为对初级系统功能流进行建模的输入（对外部、内部或时间事件响应的主要系统的活动图）。

由于这些活动和动作通常位于功能层级的第三、第四甚至更低级别，因此它们可被组合成满足上述内聚特性的父活动（功能）。当内聚子功能被组合成父功能时，工程师可以用功能层级树进行表示。

ISE & PPOOA 还允许在这种组合方法中将自上而下和自下而上的方法结合起来，其中 ISE & PPOOA 过程的步骤 3.1、3.2 和 3.3（第 4 章）将被迭代使用。

对功能树或功能分解结构的完整性或覆盖率进行评估是一个重要问题。功能树描述了当最低级别功能即将被执行时系统会做什么。

5.4 功能建模

ISE & PPOOA 方法建议将功能流建模简化为活动图。简化的活动图显示活动/动作的流程，但不表示口令或对象节点之间流动的项目。对于项目流，我们建议使用表格形式，即 N^2 图表，它提供了我们将在下一节中描述的功能接口的紧凑视图。

系统对外部、内部或时间事件的响应可用于对功能流的建模。功能流的建模是 ISE &
PPOOA 方法中步骤 3.3 的一部分（第 4 章），但它可以与 5.3 节中的步骤 3.2 一起迭代
使用。

在生成表示功能流（系统行为）的活动图时，保持与 N² 图中所表示的功能层级和功
能接口的一致性是非常重要的。我们建议遵循以下原则：

1）在系统级别和子系统级别中构建多个详细程度不同的活动图。

2）在构建表示功能流的活动图之前，确定功能之间的依赖关系。当一个功能产生的
项目被下一个功能用作输入以产生其输出时，功能之间最常见的依赖关系是输出-输入关
系。相比之下，功能并行是独立的输入项流的结果。

3）考虑每个功能（活动）的激活条件。

4）在某些情况下（第 9 章示例），功能（活动）流需要被某些异常事件中断，它们将
中止激活的正常执行。SysML 中的活动图允许使用可中断区域。

5.5　对功能和功能接口的描述

有几种方法可以用来描述功能，主要是文本、表格格式、伪代码或单元操作组合。后
者可用于描述化学工业过程中的转化。

NASA 系统工程手册建议根据输入、输出、故障模式、故障后果和接口要求来描述系
统的每个功能[16]。

对于信息系统，尤其是实时系统，Ward 和 Mellor 使用程序设计语言（PDL）构建功
能规范，它是功能转换逻辑的文本表示，具有严格的语法，但不能由计算机来执行[9]。

在使用 ISE & PPOOA 方法的开发示例中，我们建议使用标识了功能输入和输出的表
格形式的严格文本描述。故障模式是一个可选项。表 5 - 2 显示了在无人机项目中用于功
能描述的表格形式。

ISE & PPOOA 方法提出用 N² 图表来描述功能架构中功能产生的输入和输出的项目
（数据、能量或质量）。N² 图表是一个包含 N＋1 行和 N＋1 列的表格，记录了在同一层级
上做得更好的功能以及在它们之间流动的项目。功能输入在主对角线上，而交换或接口则
出现在其他单元格中。外部输入可以选择显示在对角线上第一个实体上方的行中，外部输
出可以显示在右侧列中。

在表 5 - 3 中，使用了规范的 IC（列中的输入），因此功能 B 和 C 接收来自功能 A 的
输入，功能 D 接收来自功能 C 的输入，功能 B 接收来自功能 C 的输入。表 5 - 3 的第一行
显示了功能 A、B、C、D 的外部输入。实体 A、B、C、D 的外部输出在右侧列中用箭头
显示。空白单元格表示这些功能之间没有项目流。

使用 N² 图表作为对 SysML 图表中功能架构的补充，具有以下优势（其中部分已在第
4 章中详细介绍）：

1）N² 图表非常紧凑，可以纵览最复杂的系统。

2）界面往往成对出现，从而形成简单的、反应性的因果循环[17]。

3）N²图是一种非常有用的工具，可以将功能分配给子系统或系统部件，从而使它们之间的交互最小化。功能的聚类会修改功能的顺序，因而功能之间的交互会靠近对角线进行分组。

4）N²图对于检查一些常见错误非常有用。例如，在没有任何输入的情况下产生输出的功能，出现不产生输出的功能，违反父功能与其子功能之间输入和输出的守恒定律等。

5.6　功能需求

功能架构是通过迭代方式进行开发的，该方式识别系统所提供的功能，并按照上述内聚标准组合在一起。

功能层级可用作组织系统功能需求的一种框架，以便在发生变化时它们仍然具有可读性和稳定性。由此产生的系统功能需求的组织结构将自动跟踪从较低级别到较高级别的需求。

因此，ISE & PPOOA 方法建议用功能架构中确定的子功能输出来指定功能需求。详细的层级系统功能要求呈现在系统的较低级别功能中，至少每个功能都要与一个功能需求相关联，而每个功能需求也都要与一个功能相关联。

因此强烈建议使用模板来指定功能需求。例如，标准 ISO/IEC/IEEE29148 为功能需求提供了此类模板：

当 <条件语句>，<主语> 将 <执行> <宾语> <行动约束>[18]。

这里的主语是函数，宾语是它的输出之一（如果有很多的话）。条件语句表示应用需求的环境或事件，因此它可以定义启用该功能的状态、模式或控制。

当指定功能性能要求时，可以使用带有数值的动作进行约束，这可以在物理元素的功能分配之前或之后完成（ISE & PPOOA 过程的步骤 4.1）。如果在功能分配之前完成时，性能测试直接与功能相关联，而不是与实现功能的物理元素相关联。

表 5 - 3　功能交互的 N² 图

↓	↓	↓	↓	
功能 A	→↓	→↓		→
	功能 B			→
	↑←	功能 C	→↓	→
			功能 D	→

5.7　总结

本章介绍了如何使用 ISE & PPOOA 方法开发系统的功能架构，此方法将 MBSE 与经典的功能分析技术相结合。

功能架构有三个主要组成部分：一是使用 SysML 块定义图的功能层次结构，该图补充了主要系统功能流的活动图用以表示行为；二是 N^2 图，作为对接口的描述标识了主要功能的接口；三是提供了对系统功能的表格形式的文本描述。

获得功能架构的方法可以是自上向下，从顶层功能识别开始，或者自下而上，从底层功能和系统响应开始。有时两种方法的结合是最佳方式。

了解系统功能是需求往下流动的关键。功能架构的层级被用作组织系统功能需求的框架，以便它们在发生变化时具有可读性和稳定性。系统功能需求的组织结构，会自动将较低级别的需求追踪到较高级别的需求。

5.8　问题与练习

1）用例和系统的功能有什么区别？

2）功能和项目有什么区别？

3）功能层级和功能流表示有什么区别？

4）识别洗衣机的顶级功能。

5）创建上述洗衣机功能的 N^2 图表。

6）识别汽车电动驻车制动器的顶级功能，包括自动释放驻车制动器的能力。

参 考 文 献

［1］ Carson，R. S.，and B. J. Sheeley，"Functional Architecture as the Core of Model - Based Systems Engineering," Proc. INCOSE International Symposium，Vol. 23，2013，pp. 29 - 45.

［2］ Fernandez，J. L.，"An Architectural Style for Object - Oriented Real - Time Systems," Proc. 5th International Conference on Software Reuse，Victoria，Canada，June 2 - 5，1998.

［3］ Walden，D.，et al.，Systems Engineering Handbook，International Council on Systems Engineering (INCOSE)，San Diego，CA，2015.

［4］ Bock，C.，"SysML and UML 2 Support for Activity Modeling," Systems Engineering，Vol. 9，No. 2，2006.

［5］ Friedenthal，S.，A. Moore，and R. Steiner，A Practical Guide to SysML. The Systems Modeling Language，Burlington，MA：Morgan Kaufmann，2008.

［6］ Wallace，R. H.，J. E. Stockenberg，and R. N. Charette，A Unified Methodology for Developing Systems，Intertext Publications，McGraw - Hill，1987.

［7］ Long，J. E.，"Relationships between Common Graphical Representations Used in Systems Engineering," INCOSE Insight，Vol. 21，No. 1，2018.

［8］ De Marco，T.，Structured Analysis and System Specification，Upper Saddle River，NJ：Yourdon Press，1978.

［9］ Ward，P. T.，and S. J. Mellor，Structured Development for Real - Time Systems，Upper Saddle River，NJ：Yourdon Press，Prentice Hall，1985.

［10］ NIST，FIPS Publication 183 released of IDEF∅，Computer Systems Laboratory of the National Institute of Standards and Technology (NIST)，1993.（Withdrawn by NIST 08 Sep 02）.

［11］ Delligatti，L.，SysML Distilled：A Brief Guide to the Systems Modeling Language，Upper Saddle River，NJ：Addison Wesley，2014.

［12］ Fernandez，J. L.，and E. Esteban，"Supporting Functional Allocation in Component - Based Architectures," Proc. 18th International Conference on Software and Systems Engineering (ICSSEA)，Paris，France，December 2005.

［13］ Stevens，R.，et al.，Systems Engineering. Coping with Complexity，Hemel，UK：Prentice Hall Europe，1998.

［14］ INCOSE，"Framework for the Application of Systems Engineering in the Commercial Aircraft Domain," International Council on Systems Engineering (INCOSE)，San Diego，CA：2000.

［15］ Hirtz，J. M.，et al.，"Evolving Functional Basis for Engineering Design," Proc. ASME Design Engineering Technical Conference，Pittsburgh，PA，September 9 - 12，2001.

［16］ NASA，NASA Systems Engineering Handbook，NASA SP - 2016 - 6105 Rev2，National

Aeronautics and Space Administration，Washington D. C. ：2016.

[17] Hitchins，D. K.，Advanced Systems Thinking，Engineering and Management，Norwood，MA：Artech House，2003.

[18] ISO/IEC/IEEE，ISO/IEC/IEEE 29148：2011，Systems and Software Engineering. Life Cycle Processes. Requirements Engineering，International Standards Organization，Geneva（CH），IEC，Geneva（CH），and Institute of Electrical and Electronic Engineers，New York：2011.

第6章 系统工程中应用的启发式方法

系统架构是一门艺术，因此 ISE & PPOOA 提出了一组通用启发式方法和质量属性启发式方法，用于根据需求（特别是非功能性需求）细化并改进系统的解决方案。

本章介绍了通用的系统和软件架构，以及与可维护性、效率、安全性和恢复质量属性相关的启发式方法，这些方法是从本章引用的各种参考文献中整理出来的，并专门用于 ISE & PPOOA 方法论。在本章结尾部分将描述与 PPOOA 软件架构框架相关的启发式方法。

6.1 启发式框架

启发式是一种通过设计决策来操纵质量属性模型的某些因素，从而满足非功能性或质量属性要求的方法。

该定义具有以下特征：

1）启发式方法桥接所定义问题的质量属性模型和系统物理架构，这种方法是通过确定如何由设计决策来控制质量属性需求（也称为非功能性需求）实现的。

2）启发式方法使用各种来自质量分析框架（例如性能、可维护性、安全性等）的知识来促进对系统架构的质量属性模型的创建。

图 6-1 显示了架构开发的总体流程以及如何应用启发式方法来进行一些设计决策。

启发式方法允许工程师为质量模型的设计提供决策指导。这些模型还提供了一个分析框架，用以解释设计决策的更改如何影响质量属性的验证，而启发式方法正是这个分析框架的一个组成部分。

我们这里提出的质量模型是为了对使用 ISE & PPOOA 时的决策方案架构进行改进。如图 6-2 所示，该质量模型考虑了对使用 ISE & PPOOA 时更有用的质量特性及其子特性。

ISO/IEC25010[1] 提出了一个更通用的质量模型，其中对质量特性做出了描述，例如功能适用性、性能效率、兼容性、可用性、可靠性、安全性、可维护性和可移植性。

无论是系统还是软件架构的改进，这里提出的质量模型都是面向解决方案的，因此我们将对不同来源的启发式方法进行分组，并将我们认为最适合其应用的质量特征进行标记。这些质量特征主要包括可靠性、可维护性、效率、安全性和恢复性。

我们建议读者采用这种面向解决方案的质量模型，并将其与自己正在开发的系统的质量属性相结合。通常，可维护性是任何产品变得耐用都必须要考虑的问题，而可靠性对于任务的成功完成则非常重要。对于响应式的实时系统，效率是一个关键问题。而在航空航天、汽车、医疗器械和机器人等一些受监管的领域，安全性则是一个重要问题。在这个质量模型中，恢复性对一些自治系统的生存能力、适应能力和功能平稳退化至关重要。

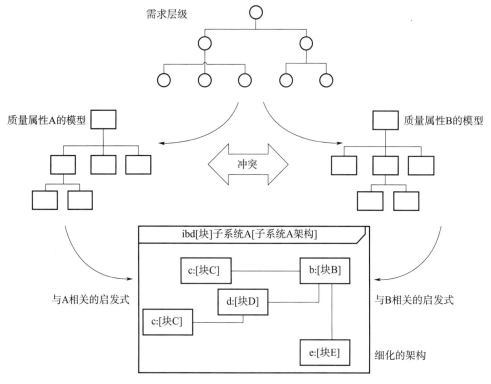

图 6-1　启发式和架构阶段

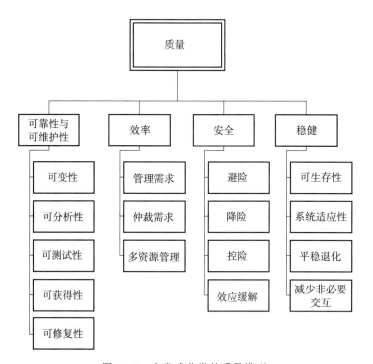

图 6-2　启发式分类的质量模型

可靠性和可维护性是并存的。可靠性可以定义为系统或其部件不发生故障地执行其功能的程度。可维护性是指系统或其部件可被修改的程度。修改可以包括修正、改进或使要素适应环境和需求的变化。可靠性和可维护性又包含以下几个子特性。

1）可变性是使系统或部件实现特定修改的能力。

2）可分析性是系统或部件诊断缺陷或故障原因的能力。

3）可测试性是系统或部件被验证的能力。

4）可用性是对系统出现故障的概率的衡量，在启动随机任务时处于可操作状态。

5）可修复性是出现故障的系统或部件，在可接受的时间内恢复到可接受状态的能力。MTTR 定义了平均修复零件所需的时间。

效率是系统在规定条件下，相对于所使用的资源量而提供适用性能的能力。效率可分解为以下子特性。

1）管理需求：帮助控制系统的资源需求。

2）仲裁需求：当存在对共享资源的竞争时，对抢占和等待时间进行控制。

3）管理多种资源：使多种资源得到有效利用，以确保可用资源在需要时被使用到。

Firesmith 将安全定义为意外伤害被预防、识别、反应和适应的程度[2]。安全是识别和管理具有灾难性后果的危险条件，安全性可分为以下子特性。

1）避免故障。

2）减少危险。

3）控制危害。

4）减轻影响。

恢复力一词在心理学、生态学和工程学等领域具有不同的含义。美国政府将恢复力定义为适应不断变化的条件，以及准备、抵御和迅速从破坏中恢复的能力[3]。Jackson 和 Ferris 将恢复力应用于工程系统，这些系统能够在遇到威胁时通过保留部分或全部功能来抵御威胁[4]。基于 Jackson 和 Ferris 的定义，我们在此提出的质量模型将包含以下的子特征。

1）生存能力：系统处理所遇到威胁的能力。

2）适应性：系统改变自身以适应威胁的程度。

3）平稳退化：系统即使在大部分已被破坏或无法运行时，仍能维持有限功能的能力。

4）多余交互（也称为隐藏交互）：在缺乏完整的系统设计或系统架构时（而不是强调组件设计时），会出现此类交互。

启发式方法在架构中有特定的应用。例如，性能工程中的队列模型可能只需要将平均执行时间作为模型的输入，但仍然有许多与执行时间相关的需要，将从架构设计中推导出来，从而导致该模型与相应的解决方案架构之间存在多对一的关系。

启发式方法既不是绝对的也不是独立的，在使用一种启发式方法时可能需要用到一些其他的启发式方法。例如，应用"打破依赖链"的启发式方法（第 6.3 节）插入媒介时，可能需要使用其他的启发式方法来隔离媒介的责任。

本章并不会对每一个启发式创建的解决方案进行鉴别，许多具体的解决方案可能仅由单个启发式创建。因此，使用架构启发式方法涉及识别从架构模型到质量属性模型的可能映射，而启发式依赖则是与解决方案相关的另一个问题。

在此我们将介绍通用系统和软件架构的启发式以及与可靠性、可维护性、效率、安全性和恢复性相关的启发式方法。

6.2 启发式系统架构

通用启发式的系统架构应用于功能分配和功能需求，主要是为了获得模块化的物理架构，并按照它们所适用的架构开发步骤（第 4 章）进行分组。系统架构的启发式要么是描述性的，要么是规定性的。前者是对一种情况的描述，后者则为该情况提供了一种架构方法。

6.2.1 第 4 章步骤 3 的启发式：ISE 流程的功能架构

SA_Heu_1：使用功能层次结构。按照第 4 章中描述的 ISE & PPOOA 流程的建议，首先处理高级功能，因为高级功能不太可能发生改变[5]。

SA_Heu_2：限制功能的副作用。功能的内聚意味着该功能只能进行其名称和描述所指示的转换，而不能做其他任何事情。

如第 5 章所述，内聚性用于衡量功能之间相互关联的程度，高内聚是一个复杂的问题。功能内聚是指用一组功能来执行相似或相关的转换。用于描述功能的术语非常重要，应避免歧义。

6.2.2 第 4 章步骤 4 的启发式：ISE 过程的物理架构

SA_Heu_3：系统的每个层级都为下一层次提供运行环境。将专业细节留给专业设计人员，架构设计师所需掌握的是对整个系统至关重要的建筑元素或组件的层次深度，但他们必须能够访问这些层级并了解其重要性和状态[6]。

SA_Heu_4：当工程师认为可以构建出满足客户要求的系统时，架构优化即可完成[6]。架构阶段结束时的可交付成果不仅限于优化的物理架构，还应有对应的验收标准。ISE & PPOOA 是基于完整的功能分配，和如何实现非功能需求来进行验收的（第 4 章）。

SA_Heu_5：对物理架构的选择取决于客户可以最好地处理哪些缺陷。如果权衡分析的结果（第 11 章）没有给出明确结论，则说明使用了错误的选择标准。此时需要找出需求和系统要求，然后用这些因素作为选择标准重新进行权衡分析[6]。

SA_Heu_6：对彼此强相关的功能进行分组和分配，将与之不相关的功能进行分离。许多功能可以被组合在一起使之在模块化架构中相互补充。模块化程度越高，整体成功的可能性就越大，即功能内聚性越强，耦合就越少。聚类技术和 N^2 图的使用有助于遵循这种启发式方法（第 4 章）。

SA＿Heu＿7：提高子系统实现的独立性。子系统的接口设计，应使每个子系统的实现独立于其接口子系统的具体实现[6]。

SA＿Heu＿8：选择子系统间所需通信最少的方案配置。尽可能选择独立的构建元素，即具有低耦合和高功能内聚的元素[6]。

SA＿Heu＿9：物理架构应该遵循功能架构。每个低级功能应分配给一个物理组件。除了非功能性需求的实现，否则功能架构和物理架构应该在 ISE ＆ PPOOA 过程的步骤中获得匹配（第 4 章）。

SA＿Heu＿10：使用已定义的标准进行系统分解。不要随意对具有高交换率的系统区域进行分割，最少通信和合理分区的原则对系统的可修改性、可测试性和故障隔离至关重要[6]。

SA＿Heu＿11：系统架构中最大的影响和风险在于接口[6]。应特别注意接口设计，这样当与接口相关联的元素发生变化时，接口本身不必进行更改。使用指南以获得高质量的接口规范，利益相关者必须就接口控制文件（ICD）中的规范和交互元素达成一致。例如，子系统需要在其需求文件中包含相应的接口需求。接口需求应相互追踪到 ICD 中的通用规范和共同父层级[7]。目前尚没有关于如何映射 ICD 和 SysML 图的标准。

SA＿Heu＿12：考虑设计余量。设计余量用于预算储备、容差、性能、安全因素等不同目的。随着对系统的更深入了解，设计余量将逐级减少[5]。设计余量可应用于重量或能源消耗等方面，也可分配在系统的不同层级中[8]。

表 6-1 总结了上文描述的一般启发式系统架构。

表 6-1　系统架构设计启发式方法的总结

视角	种类	启发式
功能架构	范围界定	SA_Heu_1 使用功能层次结构 SA_Heu_2 限制功能的副作用
物理架构	范围界定和规划	SA_Heu_3 系统的每个层级都为下面的层级提供一个运行环境 SA_Heu_4 当工程师认为系统可以构建到客户满意时即完成架构细化
	解决方案物理架构的选择	SA_Heu_5 物理架构之间的选择取决于客户端可以最好地处理哪一组缺点
	构建物理架构	SA_Heu_6 对彼此密切相关的功能进行分组和分配，并将不相关的功能分开 SA_Heu_7 促进子系统实现独立性 SA_Heu_8 选择子系统之间通信最少的方案配置 SA_Heu_9 系统架构应遵循功能架构
	分解和接口	SA_Heu_10 使用系统定义的分解标准 SA_Heu_11 系统架构中最大的影响力和风险在于接口
	设计边距	SA_Heu_12 考虑设计边距

6.3　基于启发式的可靠性和可维护性

文中描述的可靠性和可维护性是并存的。可靠性定义为系统或其部件在不发生故障的情况下执行其功能的程度。可维护性可被视为预期维护人员可对产品或系统进行修改的有效性和效率的程度[1]。

可维护性有时也被称为可修改性，是与系统架构关系最为密切的质量属性[9]。

Bass 等人将系统的修改分为扩展或更改其功能、删除不需要的功能、适应新的操作环境以及对系统进行重构。系统重构包括模块化和优化[9]。

影响系统可维护性的启发式在执行 ISE & PPOOA 过程的第 4 步期间，应用于系统或子系统。

影响软件可维护性的启发式可应用于构建软件的 PPOOA 过程中，主要包括三类：固定预期的修改；约束责任的可见性；防止连锁效应。下面将对每个类别进行描述。

6.3.1　第 4 章步骤 4 可靠性和可维护性启发式：ISE 过程的物理架构

Man_Heu_1：系统部件变更的独立性。变更独立性意味着更改系统的一个部分不会强制更改系统的其他部分。Suh 对独立性有更完整的定义，它将独立性概念应用于功能需求的层级中，并以此来定义耦合设计和非耦合设计。非耦合设计是指每个功能需求独立通过一个设计参数来满足[10]。

Man_Heu_2：识别可能变化的系统部件。对于可能发生变化的系统部件，在设计它们的接口时需要开展额外的设计工作[5]。

Man_Heu_3：便于系统检测和故障隔离。自我诊断是一种有助于提升系统可维护性和安全性的系统能力[11]。

Man_Heu_4：促进功能性与物理性之间的替代。通过接口标准化，允许并有助于连接器、脚码和计数器等进行物理性替换。如果两个物理性部件在功能设计上不可互换，则它们也不应在物理上具有可互换性[11]。

Man_Heu_5：高故障率部件应该更容易获得处置。与那些很少发生故障的部件相比，高故障率部件应该更容易获得被处置的机会[11]。在系统架构中考虑定位和尺寸问题时，可以应用这种启发式方法。

Man_Heu_6：构成复合部件中的所有零件的可靠性应该一致。复合部件中可靠性最低的零件将会影响其整体的可靠性[11]。

6.3.2　软件架构可维护性的启发式方法：PPOOA 过程

分配给软件组件的职责极大地影响了更改的成本。根据软件架构阶段的分配方案，特定的更改可能会影响单个或多个软件组件。这组启发式方法的目标是通过提供有关如何分配职责的指导原则，并通过单个更改直接影响尽可能少的软件组件。

以下给出了用于固定预期修改的启发式方法。

Man_Heu_7：保持语义连贯性。语义连贯性是指软件组件职责之间的关联。语义连贯则执行相同或至少相似的功能（功能内聚），其目标是通过选择某种具有语义连贯性的职责，以确保程序组件协同工作而不过度依赖于其他的组件，但由此可能会更改受到影响的职责[12]。在软件子系统的域建模或 PPOOA 过程的步骤 2a.1（第 4 章）中可以应用这种启发式方法。

Man_Heu_8：隔离预见的更改。将可能变更与不太可能发生变更的职责分开，将软件架构分为固定部分和可变部分，这样可以将更多的设计精力投入到对可变组件或子集的更改上[12]。

Man_Heu_9：提高提取的级别。提高提取的级别，从而使软件组件更为通用，允许该组件在输入的基础上使用更广泛的功能[12]。提高对职责的提取级别需要对其活动进行参数化处理[13]。

Man_Heu_10：对选项进行限制。限制可能的修改将会减少设计中需要考虑的变化，并简化构建适合修改的软件子系统[12]。

Man_Heu_11：提取主要程序组件中的公共服务部分。固化各种消费软件组件通常使用的服务[13]。

6.3.3　限制职责可见性的启发式方法

如果软件组件受到更改的影响，那么了解该更改在组件之外是否可见就显得非常重要。如有必要，很可能还需要对其他相关依赖组件进行更改。

以下给出了限制可见性的启发式方法。

Man_Heu_12：隐藏信息。这种启发式方法基于众所周知的信息隐藏软件工程范例[14]。

应用启发式方法将组件的职责分为两类：公共性职责和私有性职责。公共性职责是在软件组件内部和外部都可见的职责。私有性职责是仅在软件组件内部可见的职责。通过强制性的信息隐藏进行封装，从而使公共职责通过接口可见[12]。

Man_Heu_13：维持现有接口。这种启发式方法基于在软件架构阶段维持接口跨越特定的更改。即使接口进行了修改，程序组件开发人员也要保持现有接口的旧标识、语法和语义[12]。

Man_Heu_14：将接口与执行分开。这种启发式方法允许在接口规范之后的开发过程中实现[12]。

6.3.4　防止非预期影响的启发式方法

更改带来的非预期影响，在于对不直接受该更改影响的软件组件进行修改的必要性。之所以会出现这种必要性，是因为直接受修改影响的组件与另一个组件之间存在某种依赖关系。

以下给出了防止出现非预期效应的启发式方法。

Man_Heu_15：打破依赖链。这种启发式方法是指使用媒介来防止一个组件对另一个组件的依赖，从而打破依赖链[12]。在 PPOOA 架构框架中，这种启发式是通过使用协调机制来实现的。PPOOA 架构框架分析了 14 种协调机制并对其进行了分类[15]，在这些机制中，以下机制已被视为 PPOOA 框架的一部分。

1）有界缓冲区；

2）通用信号灯；

3）邮箱（通信机制）；

4）传输器；

5）通信协议。

Man_Heu_16：_数据的自我识别。使用标识信息（例如序列号、语法描述或身份信息）对数据进行识别，从而打破软件组件对序列或语法的依赖关系[12]。

Man_Heu_17：_限制通信路径。对软件组件进行限制，以使它和与之通信的其他组件之间不存在依赖关系[12]。

表 6-2 总结了软件架构和可维护性的启发式方法。

表 6-2　可维护性的启发式

质量	种类	启发式
可维护性	本地化预期的修改	Man_Heu_7 保持语义连贯性
		Man_Heu_8 隔离预期的变化
		Man_Heu_9 提高抽象级别
		Man_Heu_10 限制选项
		Man_Heu_11 抽取主要软件组件中的公共服务
	限制职责的可见性	Man_Heu_12 隐藏信息
		Man_Heu_13 维护现有接口
		Man_Heu_14 将接口与实施分开
	防止意外影响	Man_Heu_15 打破依赖链
		Man_Heu_16 使数据具有自我识别性
		Man_Heu_17 限制通信路径

6.4　效率的启发式方法

效率的启发式方法有助于识别时间行为、资源利用和容量相关的性能效率质量的架构及其设计方案。这些启发式方法既非新颖，也非革命性的，其中一部分代表工程师目前做出的设计决策。下面描述的启发式方法概括和总结了工程师在构建软件密集型系统时使用的知识和经验。

本节介绍面向效率设计的启发式方法，它们可分为三类。

1）管理需求的启发式方法：这些启发式方法有助于控制系统的资源需求。

2）用于仲裁需求的启发式方法：当存在对共享资源的竞争和占用时，这些启发式可控制抢占和等待时间。

3）用于管理多个资源的启发式方法：可以有效管理多个资源，以确保在需要时可以使用资源。

6.4.1　管理需求的启发式方法

这些启发式方法通过控制资源需求来帮助设计与系统效率相关的解决方案。

Eff_Heu_1：对性能进行量化。在感兴趣的系统层级上来对具体的、定量的、可测量的性能效率需求进行定义。因此，控制系统事件的出现频率以及限制对于具体事件做出响应的时间就显得十分重要。

性能效率需求将对所需的性能效率做出严格和明确的说明，以便评估者可以定量地确定架构是否满足该要求。

在 ISE & PPOOA 的示例中，表示其行为的系统活动流是使用活动图来表示的，工程师可以在活动图中限制用于响应启动流的事件的执行时间。

Eff_Heu_2：对系统进行检测。在构建系统时对其进行检测，以测量和评估工作负载预测、资源需求和效率要求的合规性[16]。当这种启发式方法应用于软件子系统时，它与在关键点插入代码探测相关联，以实现对其执行特征的测量。验证器需要代码关键部分的资源需求信息，而不仅仅是软件的总需求信息。为了收集这些数据，开发人员必须插入代码来调用系统定时例程，并将关键事件和相关数据写入文件以供后续分析。

Eff_Heu_3：识别主要的工作负载。启发式的目的是识别主要的工作负载部分并将其处理最小化，从而将注意力集中在对性能影响最大的架构部分。

启发式与对使用时间最多（80%或更多）的系统组件的子集（20%或更少）识别有关。这些经常使用的组件是主要的工作负载。这些主要的工作负载以及操作中的代码等，将导致软件子系统中的操作子集（≤20%）被运行得最多（≥80%）。因此，对这些主要工作负载的功能进行改进将会对系统的整体性能产生重大影响[16]。

ISE & PPOOA 架构涉及识别活动的关键因果流（CFA），这些是对系统操作至关重要的活动流，也是对用户看到的响应性很重要的活动流。关键活动流还可能包括与效率风险相关流程。

Eff_Heu_4：固定点。为了更好地响应，启发式方法可以在最早的时间点建立连接来完成固定，这样的连接是具有成本效益的。固定点将所需动作与用于完成该动作的计算机指令连接起来，或将所需结果与用于产生该动作的数据联系起来。

固定点是一个时间点。最近的固定点处于执行期间，仅在执行指令之前。面向对象语言中的动态绑定或在编译期间无法解析的多态函数调用，将表现为后期固定。固定还可以在多个可能更早时间点建立连接：执行早期、系统初始化阶段、编译期间，甚至在软件外部。在某些情况下，早期的固定可能会降低设计的灵活性[16]。

Eff_Heu_5：处理事件与事件频率对比的启发式。该启发式指出处理事件数与请求频率的乘积应该最小化。这种启发式与处理请求时需完成的工作负载与接收到的请求数量有关，并试图在两者之间进行权衡。可以通过为每个请求做更多的工作从而减少请求的数量，反之亦然[16]。

6.4.2　仲裁需求的启发式方法

当存在竞争请求和争用共享资源时，这些启发式方法可以对抢占和等待时间进行控制。

Eff_Heu_6：尽可能使用并行处理。如果可以并行处理系统请求，则可以有效减少阻塞时间[9]。

在真正并行处理中，执行线程在不同的处理器中同时运行。此时，处理时间减少程度与处理器的数量成正比。在显而易见的并行处理中，线程在单个处理器上被多路复用。PPOOA 框架通过软件流程组件的多路复用来支持显而易见的并行。

Eff_Heu_7：尽可能使用共享资源。资源通常是子系统的软件组件可以访问的任何硬件或软件。该启发式建议尽可能共享资源以减少因争用而引起的延迟。当需要独占访问时，将等待时间和服务时间的总和最小化是很重要的[16]。

Eff_Heu_8：确定合适的调度策略。该启发式侧重于将处理时间分配给软件进程。合适的软件进程调度策略取决于系统的性能要求。调度方法包括离线调度、基于时间的调度、基于语义重要性的调度、非周期性的服务器和基于公平的调度。

Eff_Heu_9：使用同步协议。当多个软件进程（执行线程）需要访问共享资源（例如队列、结构或互斥的域组件）时，通常使用诸如歧语或互斥等协调机制。实时系统社区使用各种协议，包括先进先出（FIFO）、优先级继承和优先级上限协议等，以避免诸如优先级倒置之类的问题。

6.4.3　管理多个资源的启发式方法

该启发式方法可以有效地利用多个资源以确保在需要时能够获得可用资源。

Eff_Heu_10：平衡计算负载。该启发式方法是在可能的情况下，通过处理不同时间或不同硬件资源中的冲突来平衡计算负载。

这种启发式方法类似于共享资源启发式方法，它们都用于解决资源的争用延迟问题。共享资源启发式通过对等待时间和服务时间进行最小化来减少延迟，而该启发式则通过减少在给定时间内，需要硬件资源的软件进程数量和减少它们所需的资源量来减少延迟。需要使用性能工程模型，对每个替代方案的资源争用延迟进行量化后才能对方案进行评估[16]。

Eff_Heu_11：定域性。该启发式方法促进了对所用的物理性计算机资源的动作、函数和结果的创建。定域性的类型包括空间、时间、效果（即目的或意图）和程度（即强度或大小）等[16]。

在面向对象的体系结构中，例如使用 PPOOA 框架构建的体系结构中，将相关数据和行为保持在同一个软件组件中是非常重要的。一个对象或组件应该拥有做出决定或执行操作所需的大部分数据。交互非常频繁的组件应该被分配到同一个处理器上，甚至应该编译和链接在一起。

表 6 - 3 总结了上文介绍的效率启发式方法。

表 6 - 3　效率启发式方法

质量	种类	启发式
效率	管理需求	Eff_Heu_1 量化绩效
		Eff_Heu_2 仪器系统
		Eff_Heu_3 确定主要工作负载
		Eff_Heu_4 固定点
		Eff_Heu_5 过程与频率对比的启发式
	仲裁需求	Eff_Heu_6 尽可能使用并行处理
		Eff_Heu_7 尽可能使用共享资源
		Eff_Heu_8 确定适当的调度策略
		Eff_Heu_9 使用同步协议
	多种资源管理	Eff_Heu_10 平衡计算负载
		Eff_Heu_11 局域性

6.5　安全性启发式方法

安全性是指意外伤害与健康、财产和环境的灾难性后果，涉及预防、识别、应对和适应这种意外伤害的程度等内容。

这里扩展了 Avizienis 等人关于安全可靠计算的分类法[17]，其中一个故障可能导致错误甚至伤害。

安全性作为系统的一种重要属性，应在可靠性质量属性中加以考虑。系统的可靠性是指它能够避免接受频繁和严重的服务故障。

安全性启发式与安全性本身密切相关，应用于抵抗、检测和从故意攻击或恶意伤害中获得恢复。在安全性方面，重点通常是提供机密性、完整性和可用性的数据资产。

可靠性是一个综合的质量属性，它包含以下特征。

1）可用性：为正确的服务做好准备。

2）可靠性：正确服务的连续性。

3）安全性：系统不会对人类和环境造成灾难性后果。

4）完整性：系统不存在不适当的变更。

5）可维护性：进行更改和维修的能力[17]。

错误的定义在系统状态中将可能导致其后续故障或正确行为的偏离。需要注意的是，许多错误尚未送达系统的外部状态并引起故障。当故障导致了错误时，则属于一种活动故障，否则为休眠故障[17]。

安全性问题是识别和管理具有灾难性后果的危险条件。危害可以被视为一组系统条件，它们与环境条件一起会引发损失事件[18]。系统的危害是由系统设计、材料、工艺或操作程序等有关的故障而引起。

安全性的启发式分为四种：避免危害、减少危害、控制危害和减轻影响。

6.5.1　避免危害的启发式方法

SF_Heu_1：专注于功能失调的系统行为。大多数的危害分析技术使用系统的物理架构而不是其功能架构。对于软件密集型复杂系统，Young 和 Leveson 提出了一种基于系统理论的集成方法，其目标是确保系统的关键功能和提供的服务在面临中断时得以维续[19]。他们建议在系统的功能架构中识别出那些可能导致危险的行为，对不能防止危险、序列过早或过晚、持续时间过长或停止过早等不安全行为进行控制[19]。

SF_Heu_2：尽量减少组件和交互的数量。该启发式与系统结构的启发式有关，尤其是与 SA_Heu_10 有关。这里的启发式旨在通过对组件及其交互的数量最小化来简化系统设计。最少通讯和适当分区的原则对于故障隔离至关重要。

SF_Heu_3：避免不确定的行为。该启发式方法旨在通过控制对系统共享资源的所有访问来强制执行某些特定的事件或操作序列。该启发式与上面描述的效率启发式有关，并与用于访问共享系统资源的同步协议有关。当必须确定事件的正确排序时，尤其是当故障属于安全性问题时，可以使用该启发式方法通过硬件或软件来完成。

6.5.2　降低危害的启发式方法

SF_Heu_4：强制运行时间要求。该启发式方法的目的是强制限定系统组件的执行时间。超时是一种特别常见的情形，可以在系统的活动图中进行建模，用于检测遗漏或定时故障等关键性安全问题。超时可以很廉价、很容易地通过硬件或软件来实现，同时也需要了解系统相关组件运行的允许时间。在错过最后的检测期限时，还需要采取恢复等保护措施[20]。

SF_Heu_5：健全性检查。Wu 提出的这种启发式（也称为合理性检查），旨在强制执行某种特定系统组件输出的有效性或完整性。当某个组件的特定操作或输出的可靠性能够预见时，则可以应用这种启发式方法。它通常用于检测系统组件的值故障。在不同级别（从硬件、代码到子系统级别）的软件密集型系统中具有广泛的适用性[20]。

SF_Heu_6：冗余。冗余涉及多个零件副本，但可以采用不同的设计。该启发式方法通过使用系统相似组件的多个副本从而减少系统故障的发生。无论其他类似组件的运行状态如何，其中一种冗余组件应实现所分配的功能。

SF_Heu_7：恢复。返回恢复的启发式方法是指当检测到组件发生故障时能及时返回到先前已知的状态，然后重试运行。该方法只是尝试模拟时间的倒转，并假设较早的已知状态不会重现故障。

6.5.3　控制危害的启发式方法

SF_Heu_8：使用分区。该启发式方法旨在将软件故障包含到特定的时间和空间分区中，并对执行环境的系统硬件进行强制分离。此时，分区是通常由虚拟机监视器进行管理的基本实体，它可以被视为是一个容器，由隔离的处理器和内存资源组成，并带有设备的访问策略。传统上，虚拟机监视器是作为软件层执行的，但它也可以作为嵌入系统固件的代码来执行。例如，对于模块集成化的航空电子设备（IMA）架构来说，分区是比虚拟机更轻量级的概念，可以在虚拟机的运行环境之外使用，以提供高度隔离的执行环境。

SF_Heu_9：选择最适当的输出。在一组系统组件的输出中选择最合适的输出可以掩盖故障组件带来的影响。启发式算法将由投票器应用，然后由硬件或软件来实现。当无法检测到已知故障、没有任何检测操作或存在高可用性要求时，可以使用该启发式方法。

SF_Heu_10：尽可能提升系统的退化状态。该启发式方法旨在通过从服务中删除非关键组件来维持部分或退化的系统功能。当无法通过恢复或遏制操作来减轻组件故障时，将使用此启发式方法。该方法可能不需要与检测功能相结合，故障组件可以被自动移除。

6.5.4　减轻影响的启发式方法

SF_Heu_11：_实现报警功能。该启发式方法建议采用系统报警功能，通过图形/声音报警信息将危险情况通知给操作员/用户/维护人员。当需要立即进行人工干预以将危害的影响最小化时，将使用这种启发式方法。

SF_Heu_12：_执行运行数据的记录功能。该启发式方法可以通过对操作数据的在线记录来分析发生危险状况的可能原因，从而防止再次发生类似的事故或未遂事故。

表 6-4 中总结了安全启发式方法。

表 6-4　安全启发式方法

质量	种类	启发式
安全性	避险	SF_Heu_1 专注于功能失调的系统行为
		SF_Heu_2 尽量减少组件和交互的数量
		SF_Heu_3 避免不确定的行为
	降险	SF_Heu_4 执行时间要求
		SF_Heu_5 完整性检查
		SF_Heu_6 冗余
		SF_Heu_7 恢复
	控险	SF_Heu_8 使用分区
		SF_Heu_9 选择最合适的输出
		SF_Heu_10 尽可能提升系统退化状态
	减轻影响	SF_Heu_11 实施警报功能
		SF_Heu_12 实现操作数据记录功能

6.6　恢复启发式方法

恢复是目前流行的术语，在心理学、生态学和材料学等领域具有多种含义。在系统工程领域内，恢复的重要性超过了安全性，因为安全性涉及避免或减轻伤害，而恢复涉及维持或从中断中复原。风险是中断的根源，可能包括人为操作和维护错误、设计缺陷、自然灾害和故意攻击。

本节提出了在 ISE & PPOOA 系统架构中应用的恢复启发式方法，通过选择文献［4］中提出的物理系统的启发式方法，将其用于 ISE & PPOOA 的架构过程。此处不考虑与结构系统相关的恢复启发式方法。

Jackson 和 Ferris 建议将恢复启发式分为四类：在威胁中幸存、适应威胁、在面临威胁时平稳退化以及在面临威胁时采取整体行动[4]。

6.6.1　威胁中幸存的启发式方法

RS ＿ Heu ＿ 1：功能冗余。该启发式也称为多样性方法，建议对执行特定功能的替代系统组件进行设计。该方法弥补了 SF ＿ Heu ＿ 6 冗余的弱点，其中冗余被理解为物理冗余，因此后者建议使用同一组件的多个副本，这种处理方法的缺点是同一组件的多个副本可能具有相同的设计缺陷。

RS ＿ Heu ＿ 2：分层防御。该启发式方法意味着对系统中相同的漏洞或隐患应用两个或多个启发式方法。分层越多，系统的恢复程度就越强[4]。

6.6.2　适应威胁的启发式方法

RS ＿ Heu ＿ 3：重组。如果威胁正在影响系统，它将会动态地改变物理体系结构，即物理组件的层级结构或其依赖性关系。

RS ＿ Heu ＿ 4：可修复性。如果威胁正在影响系统，它将会在指定的运行环境中把部分或全部的功能转换到另一种状态。在系统自主可修复的情况下，这种启发式方法与 RS ＿ Heu ＿ 3 中的重构有关，此时系统会根据健康的物理组件及其功能对自身重新进行配置。

实现这种启发式方法的机器人解决方案，在面对不确定性时具有恢复性特征，它提出一种控制循环，该循环在运行时可利用模型中的信息。于是，在运行时执行的控制动作就不再是设计时确定的，而是由循环使用瞬时状态信息和模型动态执行的，因此可以适应中断[21]。

RS ＿ Heu ＿ 5：人工备份。正如 Madni 和 Jackson 提出的那样，当系统对威胁不敏感且有足够的时间进行人工干预时，操作员应该对系统的自动化任务进行备份[22]。

RS ＿ Heu ＿ 6：循环中的人员。文献中描述了以人为中心的自动化概念并由 Billings 在航空领域进行了应用。Billings 所描述的原则之一，是必须告知操作员在不断变化的环境条件中进行操作。在给定的运行环境中，信息不仅仅是数据，还需要以对操作员有意义的其他形式呈现[23]。当需要快速认知和提出意见时，人工操作员必须参与进来[22]。

RS ＿ Heu ＿ 7：监控操作员。该启发式超出了循环启发式 RS ＿ Heu ＿ 6 中对人工的定义。人为错误是事故的常见原因，因此需要监控操作人员的行为。操作员的意图必须是明确的，并传达给与自主能力相关的系统部分。

6.6.3　平稳退化的启发式方法

RS_Heu_8：中立状态。该方法旨在防止系统受到威胁影响时发生进一步的破坏，直到可以进行诊断。中立状态意味着在有机会执行正确操作时可能会延迟采取行动。

RS_Heu_9：修正偏移。对威胁逼近的预判可用于避免威胁的发生，也可以用来通过纠正措施减少威胁。实施这种启发式方案的示例是，无人驾驶飞行器上的感知与避免功能以及自主机器人的碰撞避免功能。

6.6.4　面对威胁时采取整体行动的启发式方法

RS_Heu_10.：识别并减少系统部件之间不需要的交互。缺乏整体性的系统视图可能会产生系统组件间的相互作用，从而导致预期外的影响。热、振动和电磁干扰就是这种相互作用的典型例子。

表 6-5 中总结了上述恢复启发式方法。

表 6-5　恢复启发式方法

质量	种类	启发式
恢复	从危险中幸存	RS_Heu_1 功能冗余
		RS_Heu_2 分层防御
	适应危险	RS_Heu_3 重组
		RS_Heu_4 可修复性
		RS_Heu_5 人力备份
		RS_Heu_6 人在循环中
		RS_Heu_7 监控操作员
	平稳退化	RS_Heu_8 中立状态
		RS_Heu_9 漂移校正
	面对危险采取整体行动	SF_Heu_10 识别并减少不必要系统部分之间的相互作用

6.7　使用 PPOOA 框架的软件架构启发式方法

在本节中，将介绍第 4 章中描述的 PPOOA 结构框架所支持的构建元素的启发式方法。如第 4 章所述，PPOOA 是一个支持实时系统软件架构设计的架构框架。构建元素的 PPOOA 词汇表由第 4 章和第 7 章中描述的软件组件和协调机制所组成。

这里描述了与软件架构设计相关启发式的基本原则。当将软件架构子过程（在第 4 章的 4.4.2 节中描述）应用于那些主系统的软件密集型子系统时，ISE & PPOOA 过程的用户应该遵循这些启发原则。

PPOOA_Heu_1. PPOOA 框架的基础——显式并发。面向对象的软件架构表示在对象中隐式封装过程或控制活动的并行性。PPOOA 架构框架则选择了显式并发，通过第 4 章中描述的 CFA，并发性在软件对象的外部呈现出来。CFA 或活动流由软件进程或控制器进行控制。这个原则允许考虑早期的并发问题和时间行为评估。因此，它允许在采用隐式并发的其他方法之前对设计决策做出评估。

此外，允许在同一个 CFA 中使用多个软件进程，每个进程负责一部分 CFA 活动。

PPOOA_Heu_2. 软件组件的选择标准。选择软件组件作为子系统构建元素的基本标准，是组件要能够实现职责、维护内部状态需求以及支持并发活动。软件组件要实现的职责可能与计算、数据存储、控制或信号活动有关。

执行纯计算的最佳候选者是算法组件。如果组件必须保持为内部状态，则最佳候选者是域组件；但如果必须存储典型的数据结构，则最佳候选者是结构构建元素。

过程或控制器构建元素用于执行与事件触发响应（PPOOA 框架中称为 CFA）相关的控制活动。对并发活动的控制也是这类构建元素的职责。

周期性活动由周期性流程实现，而偶然事件触发的活动需要非周期性过程来执行。由于事件处理的复杂性，在某些情况下它们需要由控制器组件进行支持。

PPOOA_Heu_3. 物理设备的管理。控制器组件可以更好地支持与物理设备管理相关的活动。从时间响应评估来看，控制器的构建元素或组件是所有 PPOOA 框架的构建元素中最复杂的，但它在执行流程或支持接口方面又是最灵活的。

PPOOA_Heu_4. 组件操作限制。在选择 PPOOA 构建元素时，确定它可以支持的操作类型是一个主要的问题，它们包括如下操作。

1）算法组件提供的计算操作：这些操作在调用时立即执行。

2）域组件可提供的读写和计算操作：这些操作在调用时立即执行。

3）结构组件可提供的读写操作：这些操作在调用时立即执行。

4）循环性或周期性进程组件仅提供对其停用的操作，而非周期性进程组件提供其激活的操作。非周期性进程也可以提供其他的操作，这些操作在调用时立即执行。

5）控制器组件对其提供的操作没有限制。

PPOOA_Heu_5. 使用协调机制解决通信和同步问题。在软件密集型实时系统中需要解决三个问题：互斥问题、生产者-消费者问题和多重读写器问题。

当软件构建元素或组件需要独占访问资源、共享数据或物理设备时，就会出现互斥问题。谨慎使用歧语或互斥锁作为协调机制可以解决这个问题。

当一个软件组件需要与另一个软件组件通信以传递数据时，就会出现生产者-消费者问题。PPOOA 框架采用缓冲区协调机制来解决这个问题。

多重读写器问题类似于互斥问题，但读者之间并不互斥。这是与数据库访问相关的典型情况。

表 6-6 总结了 PPOOA 框架的启发式方法。

表 6 - 6　PPOOA 框架的启发式方法

视角	种类	启发式
软件架构	原则	PPOOA 的基础框架显式并发
	构建元素的使用	PPOOA_Heu_2 软件组件选择标准
		PPOOA_Heu_3 物理设备管理
		PPOOA_Heu_4 PPOOA 组件操作限制
		PPOOA_Heu_5 使用协调机制来解决通信和同步问题

6.8　总　结

本章介绍了在 ISE & PPOOA 过程中应用的一系列启发式方法。这些启发式方法的集合是在满足非功能性需求（也称为质量属性需求）的方法中常见的手段。在许多情况下，这些非功能性需求不会被分配为功能性需求，因此启发式方法确定了如何通过设计决策来实现这些非功能性需求。

在此所提出的启发式方法有如下一些特点：

1）启发式是质量属性要求和物理架构之间的桥梁。

2）启发式方法基于先前工程项目领域的知识和经验，例如可维护性、效率、安全性和恢复性。

3）启发式方法不是绝对的和独立的，它们的应用可能还需要额外的启发式方法。

4）在某些启发式方法的应用中可能会出现一些需要解决的冲突。

当人工的决策和权衡至关重要时，启发式的应用则被视为是一种对系统架构过程的艺术，因此，人工智能工具的自动化仍然是一个悬而未决的问题[24]。

6.9　问题和练习

1）列举两个相关的启发式方法。

2）描述一个实现功能冗余启发式的解决方案。

3）使用恢复启发式方法我们需要做些什么？

4）描述一个在环路启发式方法中有关人工执行的解决方案。

5）推荐使用哪种 PPOOA 构建元素来实施定期活动？

6）推荐使用哪种 PPOOA 构建元素来处理物理设备？

参 考 文 献

［ 1 ］ ISO/IEC 25010，"Systems and Software Engineering – Systems and Software Quality Requirements and Evaluation（SQuaRE）–– System and Software Quality Models，" CH – 1211 Geneva 20，International Standards Organization，2011.

［ 2 ］ Firesmith，D.，"Engineering Safety Requirements，Safety Constraints，and Safety – Critical Requirements，" Journal of Object Technology，Vol. 3，No. 3，March – April 2004，pp. 27 – 42.

［ 3 ］ United States Government，The White House，National Security Strategy，Washington，DC：2010.

［ 4 ］ Jackson，S.，and T. L. J. Ferris，"Resilience Principles for Engineered Systems，" Systems Engineering，Vol. 16，2013，pp. 152 – 164.

［ 5 ］ Bahill，T. A.，and R. Botta，"Fundamental Principles of Good System Design，" Engineering Management Journal，Vol. 20，No. 4，December 2008，pp. 9 – 17.

［ 6 ］ Maier，M. W.，and E. Rechtin，The Art of Systems Architecting，Second Edition.，Boca Raton，FL：CRC Press，2000.

［ 7 ］ Wheatcraft，L.，"Interface Requirements vs IRDs vs ICDs，" November 15，2013. http：// reqexperts. com/blog/2013/11/interface – requirements – vs – irds – vs – icds/.

［ 8 ］ Wasson，C. S.，System Analysis. Design，and Development. Concepts，Principles and Practices，Hoboken，NJ：John Wiley & Sons，2006.

［ 9 ］ Bass，L.，P. Clements，and R. Kazman，Software Architecture in Practice，Second Edition，Reading，MA：Addison Wesley Longman，2003.

［10］ Suh，N. P.，Axiomatic Design. Advances and Applications，New York：Oxford University Press，2001.

［11］ Ebeling，C.，An Introduction to Reliability and Maintainability Engineering，Second Edition，Waveland Press，2010.

［12］ Bachmann，F.，L. Bass，and M. H. Klein，Deriving Architectural Tactics：A Step toward Methodical Architectural Design，CMU/SEI – 2003 – TR – 004，Software Engineering Institute，Carnegie Mellon University，2003，http：//resources. sei. cmu. edu/library/asset – view. cfm? AssetID＝6593.

［13］ Bachmann，F.，L. Bass，and R. Nord，Modifiability Tactics，CMU/SEI – 2007 – TR – 002，Software Engineering Institute，Carnegie Mellon University，2007，http：//resources. sei. cmu. edu/ library/asset – view. cfm? AssetID＝8299.

［14］ Parnas，D. L.，"On the Criteria to be Used in Decomposing Systems into Modules，" Communications of the ACM，Vol. 15，No. 12，1972，pp. 1053 – 1058.

［15］ Fernandez，J. L.，A Taxonomy of Coordination Mechanisms Used in Real – Time Software Based on Domain Analysis，CMU/SEI – 93 – TR – 034，Software Engineering Institute，Carnegie Mellon University，Dececember 1993，https：//resources. sei. cmu. edu/library/asset – view. cfm?

assetID＝12011.

[16] Smith，C. U. ，and L. L. G. Williams，Performance Solutions. A Practical Guide to Creating Responsive，Scalable Software，Indianapolis，IN：Pearson Education，2002.

[17] Avizienis，A. ，et al. ，"Basic Concepts and Taxonomy of Dependable and Secure Computing，" IEEE Transactions on Dependable and Secure Computing，Vol. 1，2004，pp. 11 – 33.

[18] Leveson，N. G. ，Engineering a Safer World. Systems Thinking Applied to Safety，Cambridge，MA：The MIT Press，2011.

[19] Young，W. ，and N. G. Leveson，"An Integrated Approach to Safety and Security Based on Systems Theory，" Communications of the ACM，Vol. 57，No. 2，2014，pp. 31 – 35.

[20] Wu，W. ，Architectural Reasoning for Safety – Critical Software Applications，D. Phil. thesis，YCST –2007 – 17，Department of Computer Science，University of York，United Kingdom：2007.

[21] Hernández，C. ，J. L. Fernandez – Sánchez，G. Sánchez – Escribano，J. Bermejo – Alonso，and R. Sanz，"Model – Based Metacontrol for Self – adaptation，" In H. L. et al. ，editor，Intelligent Robotics and Applications（ICIRA 2015），vol. 9244 of Lecture Notes in Artificial Intelligence，pp. 643 – 654，Springer，2015.

[22] Madni，A. ，and S. Jackson，"Towards a Conceptual Framework for Resilience Engineering，" IEEE Systems Journal，Vol. 3，No. 2，2009，pp. 181 – 191.

[23] Billings，C. E. ，Human – Centered Aviation Automation：Principles and Guidelines，NASA Technical Memorandum 110381，Ames Research Center，Moffett Field，CA，1996.

[24] Fernandez，J. L. ，and J. Carracedo，"An Autonomous Assistant for Architecting Software，" Proc. 20th International Conference on Software and Systems Engineering and their Applications，ICSSEA 2007，Paris，December 4 – 6，2007.

第 7 章　物理架构

本章主要介绍功能架构转换为系统的物理架构的过程，这是 ISE & PPOOA 的核心内容。首先我们论述物理架构中使用的构块。然后介绍如何将功能架构中所确定的功能分配到物理构块中以实现模块化，阐述模块化和启发式方法在迭代过程中所起的关键作用。再次，本章还将重点介绍用于链接构块的逻辑连接器和物理连接器。最后，介绍在 ISE & PPOOA 中从系统物理架构到软件架构之间的起到桥梁作用的域模型，进而讨论软件组件在架构中的作用。

7.1　系统工程中的物理架构

7.1.1　物理架构模型的主要概念

在第 4 章 ISE & PPOOA 方法中已经介绍了与物理架构建模相关的一些主要概念，本章将从文献中借用其他概念来介绍更为具体的物理架构。

现代复杂工程系统的层次结构可以用不同的模型来表示，但所使用的概念很容易从一种模型转换为另一种模型。例如，Kossciakoff[1] 在子系统和部件的通用层级之外，分别在系统结构的顶部和底部定义了两个中间层级的组件和子组件。

第 4 章中介绍的 ISE & PPOOA 概念模型，定义了以下的主要元素来表示系统物理架构的层次结构。

1）系统。为实现一个或多个既定目的而被组织起来的，彼此间存在相互作用的组合。

2）部件。系统的构建元素。部件可以是包含其他部件的复合部件，彼此间相互依赖。子系统通常被认为是系统的主要组成部分，它执行一系列密切相关的功能。由于 ISE & PPOOA 处理的是系统的高级概念设计，因此这里所指的部件对应于系统的主要物理构块。其他作者（例如 Kossiakoff[1]）将它们称为组件，认为组件是由硬件和软件所组成的功能元素的物理体现。在 SysML 中，块是结构的基本单元，代表构建元素类型的定义，而 SysML 部件的属性则是其中的一种类型[2]。

3）物理接口。是对系统部件之间物理依赖关系的描述。系统的两个或多个部分之间的物理接口由一个端口和一个连接器表示。连接器代表两部分之间的交互作用，其中可能包括信息（数据或信号）、物质或能量的交换。这种交换是通过在 SysML 中分配给连接器的项目流进行建模来实现。在 SysML 中，端口允许对物理接口进行健壮而灵活的定义[3]。端口代表部件或模块边界上的独特交互点，它可以将交互与端口所连接部件的内部实施（组件）进行分离。

7.1.2 ISE & PPOOA 中的功能树、物理树和质量树

ISE & PPOOA 过程通过对问题进行三个同步分解来开展工程系统的设计，从而创建相应的树结构：

1）功能性；

2）质量属性；

3）物理属性。

在层次结构的每个层级，需求都将被转换为非功能性需求（NFR）的功能架构和质量模型。功能分配（图 7 - 1 中的箭头）用于获取该层级的主要构块来映射功能和物理的架构。然而，三个层级之间的映射并不是直接的，因为对于 NFR 来说，映射到物理架构是通过设计启发式来实现的。设计启发式方法的应用导致了该层级物理架构和下一层级元素的需求的细化（图 7 - 1 的右下部分）。这种分解将迭代性地被执行到较低层级（图 7 - 1 中的双头细箭头），直到基本组件的规范得以建立。

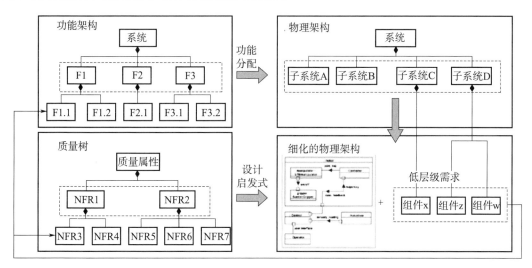

图 7 - 1 ISE 过程中功能树、质量树和物理树的迭代演化

7.1.3 其他架构模型

虽然在 ISE & PPOOA 中，系统的功能和物理架构明确分离并进行迭代开发，但在其他流行的 MBSE 方法中情况并非如此。

例如，第 3 章中提到的对象-过程模型（OPM）[4] 是一种概念建模语言和方法，可用于正式指定系统的功能、结构和行为。与 SysML 相比，OPM 在保留功能表示的同时提供了极大的简洁性。构架由对象和对象之间的结构关系来表示，例如聚合-参与（整体-部分关系）和泛化-专业化（"is - a" 关系）。聚合关系具有关联的组合/分解机制，在 OPM 中称为放大/缩小，它允许对层级分解进行建模。尽管 OPM 中没有明确提出功能或物理架构的概念，当应用于 OPM 模型的对象时，它仍然会产生物理层级结构。物理接口在 OPM

中没有明确的表示，但结构链接允许定义对象（部分）之间的连接，结构标签允许进一步细化与语义的连接。

OOSEM[3]方法包括逻辑架构的开发，该架构可以解决与 ISE & PPOOA 功能架构类似的问题。然而，这个逻辑架构是在物理架构之前创建的，并且作为物理架构的抽象视图，旨在支持对候选物理架构的集合以满足系统需求，而不是如在 ISE & PPOOA 中那样与 OOSEM 物理架构并行。逻辑架构和物理架构都使用 SysML 块定义图、内部块定义图和行为图来定义，通过使用构造节点细化进行定义，构造节点表示特定位置的逻辑/物理组件之间的聚合（或集合）。每个节点的逻辑组件分配给该节点的物理组件，以构成节点的物理架构。这种从逻辑到物理的分配可以通过在系统需求分析期间确定的设计约束（例如 COTS 的重用），利用架构模式或执行权衡分析，以根据优化与非功能性需求相关的技术性能度量的标准来确定优选的物理架构。

7.2　分配和模块化

在 ISE & PPOOA 中，物理架构是从功能架构中迭代获得的，并处于一个单独的层级结构中。如前所述，这种功能（功能层级结构）和实施（物理架构）的显式分离最大限度地提高了设计方案的可重用性。因此，一旦我们有了系统的功能架构，那么物理架构就可以按照第 4 章所描述的三个阶段进行开发：首先将功能分配给解决方案的构建元素来获得模块化架构，然后使用启发式方法进行架构细化，最终将细化后的架构表达出来。

创建物理架构的第一步是确定构建元素（组件）。系统设计可能受限于重用所遗留的元素或预定义的现成商业元素（COTS）。例如，大多数工业机器人的应用程序都使用商业机器人的操作器，为此产生了大量具有不同有效载荷、可达性或安全属性的模型（第 9.3 节，了解物理架构如何受到 COTS 重用约束的示例）。对于此类程序，应用模块化/结构化（第 6 章）的启发式方法来获得模块化架构。

分配的主要标准是模块化。根据启发式方法中 SA _ Heu _ 6 到 SA _ Heu _ 10（第 6 章）所阐述的模块化原则，模块中功能的体现必须是内聚和耦合。内聚性源于彼此相关的功能应该紧密分配（第 5.3 节关于内聚性），耦合源于具有高交换率的功能不可分配给单独的模块，从而尽量减少不同模块之间的通信。功能接口的 N² 图是分析耦合的最佳工具（N² 图在第 5.5 节中介绍）。正如 Bustnay 和 Bed‑Asher [5] 所述，在 N² 图中可以观察到有趣的问题，例如与其他几个关键功能的连接、简单的流，其中接口朝下流向同一方向或控制循环。可以根据耦合标准在 N² 图表对角线上重新排序，将它们进行聚类并将其分配到相同或相近的模块中。当两个功能的耦合度较高时，建议将它们分配在同一个模块中。例如，表 7‑1 显示了蒸汽产生过程的功能接口（完整示例见第 10 章），其中子功能已按照所分配模块的标准在 N² 图表的对角线上进行了排序。因此，图 7‑2 显示了相关功能 a4、a5 和 a6 被分配到模块化架构的锅炉系统的组件中。

表 7 - 1　蒸汽发生过程中功能接口的 N² 图表（第 10 章中的完整示例）

	任务				汽流	
F1：膨胀蒸汽	膨胀液					任务
	F2：冷凝蒸汽	冷凝液				加热
		F3：泵液	压缩流体			
			F4：加热流体	饱和液体		
			汽流	F5：蒸发液体	饱和蒸汽	汽流
超热蒸汽				汽流	F6：加热蒸汽	

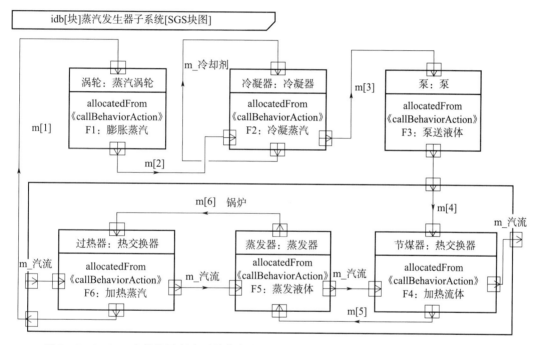

图 7 - 2　SysML 内部块图所表示的蒸汽发生过程的模块化架构（第 10 章中的完整示例）

另一个有用的聚类表达是 DSM[6]，它相当于一个 N² 图表。Sharman 在 DSM 中使用 IR 约定：元素输入在其行中描述，元素输出在其列中描述。现有算法支持使用形式化的 N²[5] 和 DSM[6] 对复杂系统进行聚类。

7.2.1　模块化架构的表示

在 ISE & PPOOA 中，模块化架构使用块定义图、内部块图和行为图来表示。SysML 块定义图（BDD）可用于表示系统的结构[2]。在 SysML 中，组合关联用于表示分解为子系统和部件的物理架构。因此，ISE & PPOOA 模块化架构由使用复合关联的 BDD 表示。

模块化架构的 BDD 表示仅捕获系统分解为其组成部分的情况。此图在 ISE & PPOOA 中补充有：

1）SysML 内部框图（IBD），它捕获每个模块（块）的内部组成部分之间的连接。有关示例如图 7 - 2 所示。

2）根据需要进行行为描述的活动和状态图。

在第 8 章（无人驾驶飞行器）、第 9 章（协作机器人）和第 10 章（发电厂中的蒸汽生成）中可以找到不同系统物理架构的表示示例，包括所有提到的图表。

7.2.2 分配

分配是贯穿系统设计中需求、功能和物理元素[2, 3]三个不同方面的关系。在 MBSE 和 SysML 的系统环境中，功能分配也称为行为分配[2]，是指将行为元素（即活动或动作、交互或状态机）分配给结构元素（构建 ISE & PPOOA 模块化架构中的块）。ISE & PPOOA 中的关键分配过程是功能分配，将功能架构中的各种功能分配给物理架构，用来实现这些功能的构建元素。

有多种选项来表示功能分配，包括图形和表格，这些都在 SysML 中有相关支持项（有关分配替代表示的详尽描述参见文献［2，3］）。在 ISE & PPOOA 中，分配由活动图[7]中的 UML/SysML 分区（泳道）表示，其中活动被分配给执行构块。此外，功能分配可以表示为一个矩阵，其中行是功能，列是系统的一部分。这对于促进分配过程的表达特别有用。需要注意，行和列所指代的功能和物理属性应当层级一致。

这种表示方法提供了一个有用的工具，可以应用第 6 章中架构启发式方法 SA _ Heu _ 9 所述的分配标准，即"每个低级功能都应该分配给一个物理组件"。在通过分配矩阵进行分配的模型中，上述分配标准意味着矩阵的行应尽可能地反映适当的功能级别，以便该行（功能）仅分配到列（构块）。如果不是这种情况，那么该行应该被与子功能对应的所有行替换，并尝试将该行分配给各个构块。对于无法进行唯一分配的行，则必须重复分解过程。

功能分配将导致功能层级中的功能与物理层级中的相应部分产生关联，而 NFR 的分配将使启发式设计方法应用于架构元素，如下所述。

7.3   改进架构的涉及启发式方法

通过使用设计启发式方法将非功能性需求考虑在架构过程中。这些方法通过特定的设计决策来细化改进物理架构。在第 6 章中，我们讨论了与可维护性、安全性、效率和恢复相关的启发式方法。系统架构在保证系统安全方面的影响已在关键任务的应用中得到认可。关键性安全标准 IEC61508 的第 3 部分指出，"从安全角度来看，软件架构是软件开发基本安全策略的地方[8]"。作为示例，本节将重点介绍安全性的启发式设计方法，以解释如何应用它们来优化系统架构。

安全模型可以支持启发式设计方法（在文献中也称为策略）的集成。软件中一个非常常见的安全模型是根据解决故障的时间来组织的启发式方法[9,10]：

1）故障规避；

2）故障检测；

3）故障遏制。

在软件架构中，策略（启发式方法）是一种设计构块，它体现了特定的开发技术（例如冗余）以实现某些方面的质量需求[9]。启发式方法已被组合到与安全相关的架构模式中[9]，可以轻松地应用于不同的应用程序。

根据 Wu[11]的说法，"构建策略可以被视为构建模式的基本构块"。Alexander 等人[12]首次将设计模式描述为表达特定背景环境、问题和解决方案之间三者关系的规则。这种描述在面向对象的软件中有成功应用的先例，设计模式是一个可重用的解决方案，用于在特定的背景环境下解决普遍性质的重复出现的问题。模式法也已用于分析和反映域的概念，以帮助获得域模型[14]。

架构模式由架构启发式方法[11]组成，因而启发式方法提供了一种比模式法更细化的设计方法。

7.3.1　控制监控模式

Wu 等人[9]讨论了两种可能的监控场景模式，这两种模式是由控制/监视器场景的可用启发式组合产生。这种情况下的安全要求是系统必须监控任何潜在的危险，以便执行适当的保护机制。由启发式的"状态监控""冗余""比较"和"互锁"组合成两种替代架构模式，通过将其职责分配给监控部分或/和控制部分来解决安全问题。

7.3.2　三重模块化冗余模式

Wu 等人[9]讨论的另一个例子是三重模块冗余（TMR）模式。这是一种典型模式。该模式用三个冗余模块来生成输出，以及一个表决元件来基于单个输出（例如多数或平均）确定系统输出，从而防止产生输出时的单点故障。因此，这种模式包括启发式冗余和表决。此外，也可以假设它涉及多样性的启发式，因为两个（或三个）模块同时出现失败的可能性较小。这三种启发式的不同组合可以生成与不同安全特性相关的各种 TMR 模式（详细讨论见参考文献［9］）。

7.4　使用 PPOOA 框架进行软件架构设计

对于软件密集型子系统，如第 4.4 节所述，使用 PPOOA 过程[15,16]可用于获取物理架构。PPOOA 通过使用 CRC 卡的责任驱动分析，将系统工程建模过程 ISE 及其产生的功能架构与软件开发过程联系起来。责任驱动建模的指导原则是，在划分软件子系统时要着重考虑每个部件对子系统的责任。

PPOOA 不仅仅是一个过程，它还是一个面向实时系统软件设计的架构框架[17,18]，也称为架构风格[19]，它定义了可以一起使用的组件和连接器的词汇表，以及一组关于如何将它们进行组合的规范。PPOOA 规范可以被视为一组非常通用的启发式方法或模式方法的设计，它们与词汇一起构成了用于实时软件子系统架构的模型语言[20]。

PPOOA 使用软件架构中结构和行为这两个最具扩展性的视点。根据 ISO/IEC/ IEEE 42010 的标准[21]，结构视点关注组成软件子系统的计算元素，以及这些元素如何组织，相互间的接口以及如何连接。

行为视图有着更长的历史，它关注软件子系统内部的动态操作，以及这些操作如何关联（排序、同步），组件如何通过关联进行交互。

PPOOA 使用由构造扩展的 UML① 类图来处理结构视点，使用 UML/SysML 活动图来处理行为视点。

尽管第 4 章已将 PPOOA 作为软件子系统架构中的一个过程进行了讨论，但本节仍将重点关注 PPOOA 作为架构框架的主要元素，以及它们如何用于系统架构。

7.4.1　域模型

软件子系统域模型的创建是 PPOOA 中的关键步骤。域模型的概念来自面向对象的程序设计，其在分析阶段可识别出值得注意的概念及其属性和关联[22]。域模型表示现实世界的概念，而不是软件对象，后者在 PPOOA 中表示为组件（或面向对象的设计方法中的类概念）。

与早期系统需求的结果相比，域模型产生了更精确的软件需求规范。它使用 UML 类图等比文本描述更多的形式来进行表达，并可用来推理软件子系统的内部工作（图 7 - 3）。

为了获得域模型，PPOOA 提倡考虑概念的类别。

1）系统必须与之交互的有形事物或设备：例如，在机器人取放产品的场景中可以有产品、产品堆栈等（完整示例请参见第 9 章）。

2）地点：应用程序的相关位置（如果适用），以机器人示例，可以是机器人挑选不同产品的位置以及交付产品的位置。

3）事件：事件是源于软件子系统外部（通常来自环境）的动作，被某个子系统感知并捕获，然后传递给软件子系统进行处理。例如，机器人应用程序中的主要事件可能包括收到新订单或检测到障碍。

然而，前面的方法只是一种识别附加域的支持方法。通过责任驱动的软件分析，实现了系统工程建模过程 ISE 和 PPOOA 软件架构过程之间的集成。这种方法通过职责将功能层级结构和域模型连接起来，职责对应于功能层级结构中的功能。具体内容如下：

1）在功能层级结构中确定哪些功能被分配给软件；

2）使用这些功能，来识别实体以获得域模型中的类。

---

①　PPOOA 是在 UML 标准发布之前开发的，它没有使用 UML 表示法。随着 UML 流行度的增加，使用 UML 表示法的重要性日益增加。因此，在欧盟 CARTSIST 项目的部分资助下，开发了基于 PPOOA 的实时系统的 UML 配置文件，以及名为 PPOOA＿AP 的架构过程。PPOOA 和 PPOOA＿AP 在由 CARTS 的工业合作伙伴开发的自主机器人和地面空间系统中得到了验证（1999—2001）。

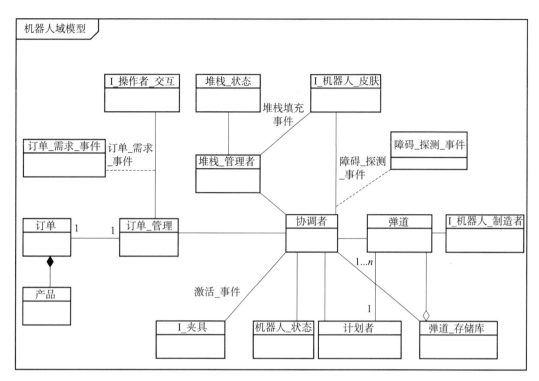

图 7 - 3　协作机器人应用程序的域模型示例（更多细节参见第 9 章）

实体（事物）成为域模型中的类，动作（转换）成为这些类的职责。

CRC 卡用于记录每个域模型中类的职责（例如映射到功能架构），以及与之协作以实现这些职责的类列表（例如软件架构中元素之间的连接）。

Larman 区分了两类主要的责任：实施和知晓[22]。按照该职责驱动设计，域模型可以激发与"知晓"相关的责任，它代表了属性和关联。在这种方法中，职责直接来源于应用程序的用例，而在 ISE & PPOOA 中，职责是从功能架构中提取出来的。

7.4.2　软件组件和 PPOOA 词汇表

PPOOA 提供了构建软件系统的元素词汇表。PPOOA 过程从域模型类中识别 PPOOA 词汇表中的软件组件。第 6 章中介绍了可使用的软件架构（PPOOA _ Heu - 2、PPOOA _ Heu - 3 和 PPOOA _ Heu - 4）。

7.4.2.1　组件

在 PPOOA 中，组件是一个概念上的计算实体，它执行某些操作，并可能提供与其他组件的接口。通常它还可以被分解为更小粒度的部分（即子组件）。

7.4.2.2　接口

组件被分组到对架构解决方案有意义的接口中。在面向对象的程序设计中，接口将对象的行为定义为方法或操作标记。这意味着在 PPOOA 中，组件的接口定义了其他组件可以使用的服务，而无需知道这些接口在组件内的具体实施。从架构的角度来看，组件接口比实现接口的方式更重要，可以在不影响架构的情况下用等效的接口替换一个组件。

在 PPOOA 中，组件接口以文本和表格形式进行描述。接口描述语言（IDL）以独立语言的方式来描述接口，但在此阶段并不严格要求。

我们总结了 PPOOA 词汇表中的不同元素[23, 26]。

1) 算法组件：执行计算或将数据从一种类型转换为另一种类型。数据分类组件、Unix 过滤器或数据处理算法是典型的例子。PPOOA 中的算法组件类似于 UML 元模型中定义的实用程序，但算法组件可能有实例。

2) 域组件：它不依赖于任何硬件或用户界面，直接反应于建模的问题。在传统的面向对象设计中，域组件的实例对应于软件对象。

3) 结构：结构是表示对象或对象类的组件，其特征是抽象状态机或抽象数据类型。例如堆栈、队列、列表和环。这是一个基本组件，不能分解为其他组件。

4) 过程：实现一个或一组活动的元素，这些活动可以与其他流程同时执行。PPOOA 架构框架支持循环/周期性和非周期性两种不同类型的软件进程。循环进程用于实现根据执行周期（属性）需要而周期性实施的一个或一组活动。循环进程通过协调机制与其他进程发生通信。后文将对协调机制进行介绍。

非周期进程提供了一个激活操作以执行其流程。此操作不应阻止调用者提供其他操作，但应在调用时立即执行。它们在 HRT - HOOD0 术语中被称为无约束操作[24]。

由于循环过程和非循环过程都是聚合组件，它们可以包括域组件、结构、非周期进程等元素。

5) 控制器对象：控制器对象负责启动和直接管理一组可以重复、替代或并行的活动。这些活动可以根据一组事件或条件来执行。当发生事件时，系统会调度关联的处理程序。控制器对象管理其他组件，而不是提供依赖于域的服务。

7.4.3　协调机制

除了组件之外，PPOOA 还对组件的交互进行了建模，分为同步和异步两种模式。同步交互表示为使用关系，异步交互通过使用协调机制在软件架构中实现。PPOOA 过程的最后一步是为软件子系统中两个组件之间的每次异步交互确定更合适的协调机制。

协调机制提供了与软件架构组件同步或通信的能力。同步是在满足某些指定条件之前阻止软件的进程。通信是软件结构组件之间的信息传递[16]。协调机制在 PPOOA 架构图中由 UML 构造表示（图 7 - 4）。

PPOOA 词汇表定义了以下一组由实时操作系统实现的协调机制[25]。

1) 有界缓冲区：也称为缓冲区或消息队列，是一个临时的存储区域，数据生产者和消费者在此进行调用以发送和获取数据。

2) 通用信号量：采用同步机制的非负整数值，用于同步进程或控制对关键区域的访问。

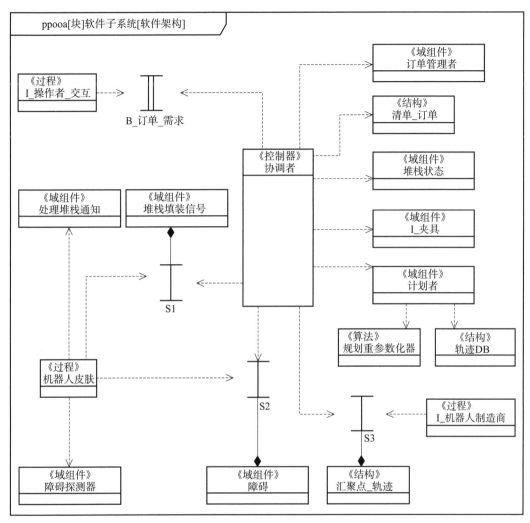

图 7 - 4　协作机器人程序的 PPOOA 架构图中的组件和协调机制

（PPOOA 组件具有指示元素类型的原型，而协调机制使用它们的原型的形状来表示：

B _ oder _ request 是一个缓冲区，S1、S2 和 S3 是保护它们所属的元素的信号量）

3）邮箱（通信机制）：是一种用于在异步模式进程之间传递消息的机制，消息的长度可能是可变的。发送消息的进程可以选择继续或等待，直到收到消息。只有一个进程可以接收消息。

4）通信协议：是一种同步且无缓冲的协调机制，允许两个进程进行双向通信。

5）传输工具：可被认为是主动数据传输器。它用于从协调伙伴处（生产者和消费者）获取和发送消息。严格来说，传输器是一个调用者，它从一个生产者那里获取消息，然后通过调用将消息传递给一个消费者或另一个中介。

除了之前的构块词汇表之外，PPOOA 还定义了一组规则和指南[26]。PPOOA 指南涵盖了架构风格、组件、协调、机制、活动的临时流和调度。PPOOA 规则包括架构图中不同元素之间的连接规则，包括组合规则、使用规则（组件间同步交互，组件与协调机制间异步交互，协调机制本身之间）和继承规则。例如，表 7-2 总结了组件和协调机制之间的使用规则，表 7-3 总结了 PPOOA 词汇表中元素之间的组合规则。

表 7-2　组件和协调机制之间的使用规则

元素A / 元素B	算法组件	域组件	结构	过程	控制器目标
缓冲器	No	No	No	Yes	Yes
传输器	No	No	No	Yes	No
旗语	No	No	No	Yes	Yes
会合	No	No	No	Yes	Yes
邮箱	No	No	No	Yes	Yes

注：* PPOOA 词汇表还包括一个子系统元素，为简单起见，此处不予讨论。

表 7-3　PPOOA 词汇表中元素之间的组合规则

元素A / 元素B	算法组件	域组件	结构	过程	控制器目标	协调机制
算法组件	Yes	Yes	No	Yes	Yes	No
域组件	Yes	Yes	No	Yes	Yes	No
结构	Yes	Yes	Yes	Yes	Yes	No
过程	No	No	No	Yes	Yes	No
控制器目标	No	No	No	No	Yes	No
协调机制	No	Limited†	Limited†	No*	No	No

注：* 通常包含传输器的进程情况。
　　† 域组件或结构可能包含信号量作为保证互斥的机制，不允许使用其他协调机制进行组合。

　　根据上述规则组合的组件以及协调机制对架构的结构视图进行建模，由 PPOOA 架构图代替经典的 UML 组件图或 SysML 内部块定义图来描述软件架构，并与 UML 类和协作/通信图保持一些相似之处。PPOOA 架构图侧重于软件组件和协调机制之间依赖关系的表达，组件之间的组合关系也可以被呈现出来。

7.4.4　软件行为和活动的因果流程

　　行为视点是对结构视点的补充。描述一个系统的静态结构，可以揭示系统包含什么内容以及系统的构建元素之间是如何相互关联的，但不能解释这些元素如何协作而为软件子系统提供功能。

为了对软件子系统的行为进行建模，PPOOA 使用了 CFA 的概念，也可称为时间线程[27]。CFA 是贯穿软件架构的不同构建元素的活动的因果链。活动是响应的最小单元。这个链随时间的推移而发展，并执行软件架构组件所提供的活动，直至到达终点。

软件子系统对每个事件的响应都由 CFA 捕获并建模为 UML/SysML 活动图，其方式与它们在 ISE & PPOOA 的系统工程子过程中使用的方法相同。多个活动的 CFA 可以同时存在，甚至可以彼此交互。CFA 也可以在某些等待点停留，在那里协调并发访问的对象。CFA 也可以拆分为并行的活动流，而活动流也可以合并在一起。

CFA 活动使用 UML 分区（泳道）概念对系统架构的组件和协调机制进行分配，这是 PPOOA 架构框架对工程中关键问题的主要贡献，因为它允许评估不同的分配替代方案。协作机器人的 CFA 示例参见第 9 章。

7.5　总结

本章介绍了如何使用 ISE & PPOOA 方法开发系统的物理架构。

物理架构的表示有三个主要组成部分。物理层级结构使用 SysML 块定义图表示，该图对内部块定义图进行了补充，表示不同部分如何在层级结构的各个级别的子系统中将物理和逻辑互连，以及系统块及其接口的文本描述。最后，行为视点根据需要由活动和状态图捕获。功能的分配可用表格形式或使用 SysML 符号在系统块中表达，但更重要的是使用活动图中的分区（泳道）。

对于软件子系统，可以使用 PPOOA 框架来获取软件架构。

7.6　问题与练习

1）定义洗衣机的物理层级。它的功能层级参见第 5 章练习。

2）定义电动驻车制动器的物理层级。它的功能层级参见第 5 章练习。

3）对上述电动驻车制动器的 IBD 进行建模。

参 考 文 献

［ 1 ］ Kossiakoff, A., W. Sweet, S. Seymour, and S. Biemer, Systems Engineering Principles and Practice, Hoboken, NJ: John Wiley & Sons, 2011.

［ 2 ］ Delligatti, L., SysML Distilled: A Brief Guide to the Systems Modeling Language, Upper Saddle River, NJ: Addison - Wesley, 2014.

［ 3 ］ Friedenthal, S., A. Moore, and R. Steiner, A Practical Guide to SysML, Third Edition, Waltham, MA: Morgan Kaufmann, 2015.

［ 4 ］ Dori, D., Model - Based Systems Engineering with OPM and SysML, New York: Springer, 2016.

［ 5 ］ Bustnay, T. and J. Z. Ben - Asher, "How Many Systems Are There? Using the N2 Method for Systems Partitioning. ," Systems Engineering, Vol. 8, No. 2, 2005, pp. 109 - 118.

［ 6 ］ Sharman, D. M., and A. A. Yassine, "Characterizing Complex Product Architectures," Systems Engineering, Vol. 7, No. 1, 2003, pp. 35 - 60.

［ 7 ］ Fernandez - Sanchez, J. L., and E. E. Betegon, "Supporting Functional Allocation in Component - Based Architectures," Proc. 18th International Conference on Software & Systems Engineering and their Applications, Paris, France, December 2005.

［ 8 ］ IEC 615038, "Functional Safety of Electrical/Electronic/Programmable Electronic Safety - Related Systems," International Electrotechnical Commission, 1998.

［ 9 ］ Wu, W., and T. Kelly, "Safety Tactics for Software Architecture Design. ," Proc. of the 28th Annual International Computer Software and Applications Conference, Vol. 1, September 2004, pp. 368 - 375.

［10］ Gawand, H., R. S. Mundada, and P. Swaminathan, "Design Patterns to Implement Safety and Fault Tolerance. ," International Journal of Computer Applications, 2011.

［11］ Wu, W., Architectural Reasoning for Safety - Critical Software Applications, PhD thesis, The University of York Department of Computer Science, 2007.

［12］ Alexander, C., S. Ishikawa, and M. Silverstein, A Pattern Language: Towns, Buildings, Construction, Oxford, UK: Oxford University Press, 1977.

［13］ Gamma, E., R. Helm, R. Johnson, and J. Vlissides, Design Patterns: Elements of Reusable Object - Oriented Software, Upper Saddle River, NJ: Addison - Wesley, 1995.

［14］ Fowler, M., Analysis Patterns: Reusable Object Models, Upper Saddle River, NJ: Addison - Wesley, 1997.

［15］ Fernandez, J. L., "An Architectural Style for Object Oriented Real - Time Systems," Proc. Fifth International Conference on Software Reuse, June 1998, pp. 280 - 289.

［16］ Fernandez - Sánchez, J. L., "A Vocabulary of Building Elements for Real - Time Systems Architectures. ," In Business Component - Based Software Engineering, F. Barbier (ed.), TheSpringer International Series in Engineering and Computer Science. Springer, US: 2002, pp. 209 - 225.

[17]　Systems and Software Engineering, Architecture description ISO/IEC/IEEE 42010 http：// www. iso - architecture. org/ieee - 1471/afs/.

[18]　Survey of Architecture Frameworks http：//www. iso - architecture. org/ieee - 1471/afs/ frameworks - table. html.

[19]　Shaw, M. , and D. Garlan, Software Architecture. An Emerging Discipline, Upper Saddle River, NJ：Prentice Hall, 1996.

[20]　Brugali, D. , and K. Sycara, "Frameworks and Pattern Languages," ACM Computing Surveys, March 2000.

[21]　ISO/IEC/IEEE 42010：2011, Systems and Software Engineering—Architectural Description, The International Organization for Standardization (ISO) and the International Electrotechnical Commission (IEC) in collaboration with the Institute of Electrical and Electronic Engineers (IEEE), 2011.

[22]　Larman, C. , and P. Kruchten, Applying UML and Patterns：An Introduction to Objectoriented Analysis and Design and the Unified Process, Upper Saddle River, NJ：Prentice Hall, 2002.

[23]　Fernandez, J. L. , and A. Monzon, "Extending UML for Real - Time Component - Based Architectures," Proc. 14th International Conference on Software & Systems Engineering and Their Applications, Paris, France, December 2001.

[24]　Burns, A. , and A. Wellings, HRT - HOOD：A Structure Design Method for Hard Real - Time Ada Systems, Amsterdam：Elsevier Science B. V. , 1995.

[25]　Fernandez, J. L. , "A Taxonomy of Coordination Mechanisms Used by Real - Time Processes," Ada Lett. , Vol. 17, No. 2, March 1997, pp. 29 - 54.

[26]　PPOOA, Processes Pipelines in Object Oriented Architectures http：//www. ppooa. com. es/

[27]　Buhr, R. J. , "Pictures that Play：Design Notations for Real - Time and Distributed Systems," Software Practice and Experience, Vol. 23, No. 5, August 1993.

第8章 应用示例：无人机-电气子系统

本章说明如何使用 ISE & PPOOA 方法来设计奥雷拉航空电子公司（Aurea Avionics）的搜索者无人机系统（Seeker UAS），这是一种支持和覆盖 ISR 任务的轻型 UAS。该电气子系统的设计不是软件密集型的，但与其他子系统相比，它的主要特征为：

1) 高度依赖机载组件和设备的最终选择；

2) 涉及一些在早期阶段很难正确定义的简单功能，例如分配电源或信号；

3) 开发团队在严格的项目开发时间限制下应用了 ISE & PPOOA，因此整个开发过程贯穿了良好的理念。

首先简要概述飞机及其操作以说明典型任务，根据 ISE & PPOOA 流程，在第 8.1 节"示例概述、需求和能力"中对需求和后续能力进行说明。

根据需求进行功能架构的开发，并确定了功能性和非功能性以及环境约束的系统需求。第 8.2 节中阐述了功能层级结构、功能流、N² 图，功能和非功能需求，环境约束和数据词汇。

在第 8.3 节"物理架构和启发式"中，总结了物理架构图、物理组件的功能流分配以及使用合适的启发式方法获得的最终物理架构。

第 8.4 节简要回顾了本章的主要结论。

8.1 示例概述、需求和能力

搜索者无人机系统（Seeker UAS）是由西班牙科技公司 Aurea Avionics 设计和制造的一款无人驾驶飞机，该公司专门从事适用于国防和安全应用的 UAV/UAS，并致力于形成下一代尖端的自主系统和解决方案。搜索者无人机系统旨在以快速部署和低后勤保障来支持完成 ISR 任务和安全任务，例如周边安全加固和搜救等。典型场景包括军事或私人安保公司无法使用传统监控方法的地点，例如部分被湖泊包围的核电站，或固定摄像头无法使用，或区域内地形复杂的场所。

搜索者无人机（图 8-1）的主要特性见表 8-1。

典型操作可以通过地面控制站进行监控或预编程，以便实现完全自主执行。它可提供白天和夜间的 ISR 功能，通信（COMMS）范围可达 15 km。"探索者"无人机配备了有效载荷，包括向地面控制站提供实时彩色和红外图像的万向摄像机。

整个系统包括飞机，地面通信［地面数据终端（Ground Data Terminal，GDT）］，运行 C2 软件的笔记本电脑，图形用户界面（GUI）［地面控制站（Ground Control Station，GCS）］，以及可选的远程手持控制（Remote Handheld Coutrol，RHC）。笔记本电脑连接到管理 COMMS（指令、遥测和视频下行链路）的 GDT。

图 8 - 1　Aurea Avionics 公司的搜索者无人机（Seeker UAS）

表 8 - 1　Seeker UAS 的特性

续航	90 min
重量	3.5 kg
跨度	2.0 m
长度	1.2 m
起飞	手动发射
着陆	腹部着陆
链路范围	15 km LOS
巡航速度	60 km/h
工作海拔	100～400 m

GCS 允许完全自动飞行，并在所有任务阶段为操作员提供帮助，包括飞行前、航线定义和通常的操作机动。此外，它还可以监控飞机的参数和健康状态（如位置、姿态、速度和电池电压），并为操作员显示相关信息（目标距离、风速、地理参考视频等）。

RHC（图 8 - 2）允许在不引入航点的情况下以固定速度飞行；使用简单的指令（例如上下或左右）控制飞机，并允许凸轮的倾斜控制，也可以在自动模式下发送一些有用的指令，如着陆、归位、中止等。

图 8 - 2　Seeker UAS 的远程控制手柄

8.1.1　操作场景和用例

ISE ＆ PPOOA 流程（第 4 章）的第一步是确定操作场景。首先全面掌握系统的应用背景。图 8－3 显示了系统背景及其操作中涉及的参与者的关系[1, 2]。

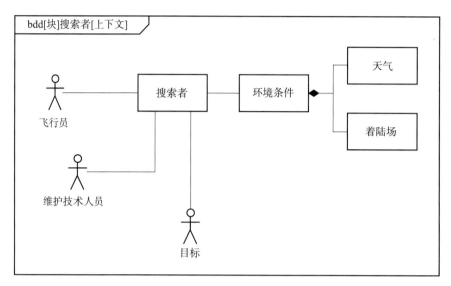

图 8－3　使用内部块图的 Seeker UAS 系统上下文图示

"探索者"无人机由飞行员操作，飞行员使用 GDT 发送指令并接收来自飞机的信息以分析其行为。飞机使用机载摄像头定位目标（山中的迷路人、沉船等）。飞机需要在各种天气条件下完成任务，也必须能够在有树木的小区域着陆，这些都概括为环境条件。此外，维护由技术人员完成。

图 3－2（第 3 章）描述了"探索者"无人机的用例图。用例有助于确定主要交互，以便了解操作场景和利益相关者的需求。

图 3－2 显示了"探索者"无人机的简化用例图，主要由自主飞行器、地面部分（包括 C2 软件和 COMMS 终端、GCS＋GDT）和 RHC 组成。

UC1. 配置飞机：该用例与飞机验证过程的状态有关，包括设置参数和变量、传感器验证、结构完整性验证等。

UC2. 管理飞行计划：该用例包括飞行计划的定义、修改、检查和上传到飞机的过程。在此用例中，飞行员将通过点击地图来引入航路点，并定义丢失的通信点、地面控制位置等。此用例包括在任务期间更改飞行计划的可能性。

UC3. 指挥飞机：飞行员需要向飞机发送指令。这些指令包括起飞、轨道（在预定点的轨道）、着陆、返航和主动飞行。

UC4. 管理着陆计划：飞行员向飞机发送着陆计划，包括初始和最终跑道、方向、下降路径和进场速度。

UC5. 管理有效载荷：该用例描述了飞行员与有效载荷的交互。Aurea Seeker 的有效载荷是一个陀螺仪稳定的双摄像头，它必须能够完成指向目标、缩放图像及在摄像头之间切换等功能。

UC6. 估测风速和风力：飞行员需要对目标环境中的风向和强度进行估计，这些信息与执行救援行动有关。

UC7. 视频捕捉：该用例描述了从目标处捕获视频并将其发送到地面控制站的能力。

UC8. 计算目标位置：飞行员需要知道目标位置。这些地理坐标以多种坐标系和单位值形式提供，以便于飞行员选择单位和坐标系。

UC9. 飞机监控：飞行器提供与其姿态、位置、速度、电池电压、警报等相关的信息。飞行员使用此信息来指挥飞机并识别故障、估计剩余飞行时间等。

UC10. 执行维护：该系统按照制造商维护手册进行了修订。

为了简洁起见，这里只包含了对用例的简要描述，为了完整定义系统用户的需求，需要对用例进行更详细的解释和阐述。

8.1.2 系统能力

ISE & PPOOA 流程的第二步是根据任务指定系统功能。请参阅表 8-2 总结的功能。

表 8-2 系统的功能

C1	简单的飞机配置	应配置地面控制软件以设置飞行器的参数和变量
C2	系统验证指南	在飞行前,有必要验证传感器的行为、结构完整性、通信等,系统软件必须为操作员提供执行验证过程的指南
C3	飞行计划管理	有必要在飞行前定义和上传飞行计划,并在飞行中进行更改
C4	自主飞行	飞机应按照飞行计划以自主模式飞行
C5	发送和接收通信	飞行器应发送遥测并接收指令
C6	指令有效载荷	指向有效载荷(云台)并执行缩放
C7	发送视频	飞行器连续发送实时视频
C8	支持风力估计	飞行器应估算风速并将估算值发送到地面站
C9	长久续航	飞行器的续航时间应大于 1 h
C10	航程	飞行器航程大于 10 km
C11	易于组装	飞机将在 5 min 内完成飞行组装
C12	易于运输	整个系统可装在一个盒子或两个中号袋子中运输
C13	在 GPS 信号中断期间安全	GPS 信号中断时飞机应返回基地
C14	低噪声足迹	飞行器应以静音模式飞行

8.2　功能架构和系统需求

应用 ISE & PPOOA 流程中步骤 3 所产生的，与功能架构相关的可交付成果包括：

1）功能层级结构的 BDD 图；

2）功能流的活动图；

3）功能接口描述（N² 图表）。

8.2.1　功能架构

飞机主要功能的顶层标识如图 8 - 4 所示（改编自 Jackson[3]）。

F1. 提供通信：提供子系统之间以及与地面控制站之间的通信。

F2. 计划、生成和控制飞机运动：计划和分析飞行路径并生成飞行运动参数（推力、速度、方向、高度等）。

F3. 监控飞行状况：确定飞行位置、姿态、与跑道的相对位置和速度。

F4. 分发通信：在子系统之间分配物理信号。

F5. 产生和管理电力：提供电力并将其分配给飞机子系统。

F6. 提供飞机运动：使用 F2 中计算出的运动参数，通过执行器提供运动。

F7. 提供对有效载荷的管理和指令：允许向负载发送指令并从负载接收状态信息。

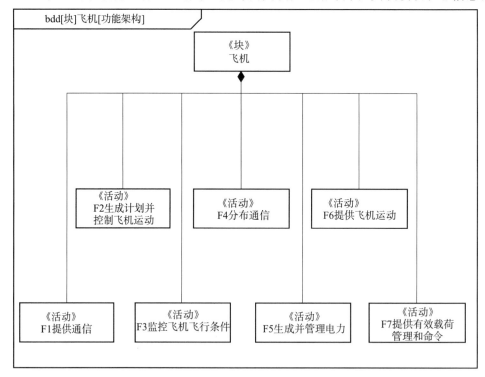

图 8 - 4　用块图表示的飞机顶层功能

与电气子系统相关的功能包括通信分配、产生和管理电力，并提供对有效载荷的管理和指令[4,5]。更详细的功能层级结构如图 8-5、图 8-6 和图 8-7 所示。

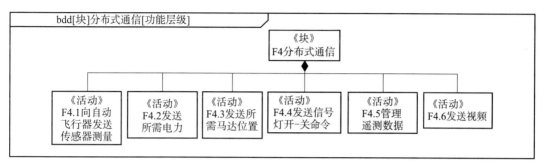

图 8-5 块定义图中显示的"分布式通信"的功能层级结构

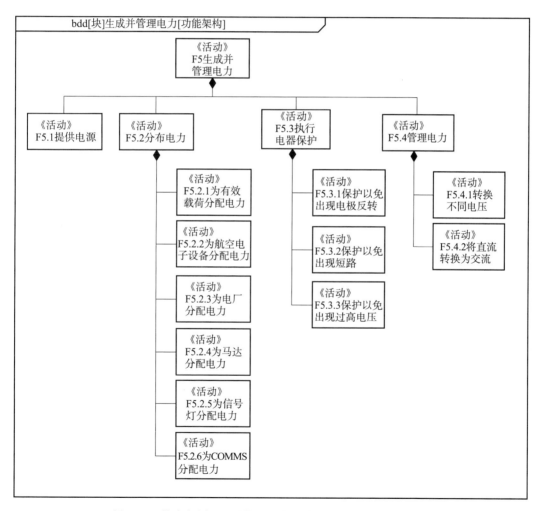

图 8-6 块定义图上显示的"生成和管理电力"功能层级结构

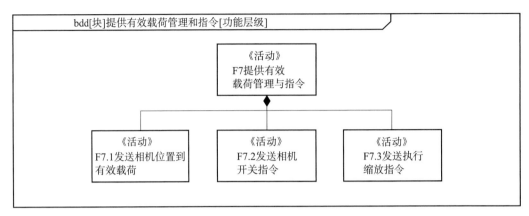

图 8 - 7　对有效载荷的管理和指令的功能层级结构

ISE ＆ PPOOA 方法推荐使用表格形式的文本进行描述（表 8 - 3～表 8 - 15）。为简洁起见，此处仅显示第一个功能的分解。

表 8 - 3　发送传感器测量的功能

功能	F4.1 发射传感器测量
说明	传输功能读取传感器获得的测量值
输入	传感器测量
输出	将传感器测量值输出到自动驾驶仪
父功能	F4
子功能	待定

表 8 - 4　传输所需动力装置的功能 *

功能	F4.2 传输所需电厂
说明	将节流位置信息传输到发动机
输入	所需电厂
输出	所需电厂到发动机
父功能	F4
子功能	待定

* 发电厂是指电动发动机模式

表 8 - 5　传输所需执行器位置的功能

功能	F4.3 传输所需执行器的位置
说明	将所需执行器位置对应的信号发送到执行器
输入	所需执行器位置
输出	所需执行器位置到执行器
父功能	F4
子功能	待定

表 8－6　发送开—关指示灯指令的功能

功能	F4.4 发送开关灯指令
说明	发送对应于开启或关闭导航灯的信号
输入	与打开或关闭导航灯相对应的信号
输出	开启或关闭导航灯对应的信号灯
父功能	F4
子功能	待定

表 8－7　管理遥测数据的功能

功能	F4.5 管理遥测数据
说明	通过无线电向地面站发送数据并向接收无线电的自动驾驶仪发送数据或指令
输入	来自自动驾驶仪的遥测数据
输出	遥测数据到地面站,对自动驾驶仪的指令
父功能	F4
子功能	待定

表 8－8　传输视频的功能

功能	F4.6 传输视频
说明	处理传输视频信号
输入	来自摄像机的视频信号
输出	视频信号到视频链路
父功能	F4
子功能	待定

表 8－9　提供电力的功能

功能	F5.1 提供电力
说明	为飞机的所有系统提供电力
输入	储能
输出	电力
父功能	F5
子功能	待定

表 8－10　配电的功能

功能	F5.2 配电
说明	飞机子系统的配电
输入	调节电源
输出	给系统供电
父功能	F5
子功能	待定

表 8－11　执行电器保护的功能

功能	F5.3 进行电器保护
说明	提供电器保护
输入	电源
输出	被保护的电源
父功能	F5
子功能	待定

表 8－12　管理电源的功能

功能	F5.4 管理电源
说明	此功能执行电源管理
输入	被保护的电源
输出	调节电源
父功能	F5
子功能	待定

表 8－13　发送相机位置到有效载荷的功能

功能	F7.1 将相机位置发送到有效载荷
说明	发送所需的相机位置以指向目标
输入	所需的相机位置
输出	所需的相机位置到相机云台
父功能	F7
子功能	待定

表 8－14　发送切换相机指令的功能

功能	F7.2 发送切换相机指令
说明	发送操作员选择的切换摄像头命令 该功能用于在机载摄像头之间切换
输入	切换相机命令
输出	切换相机
父功能	F7
子功能	待定

表 8－15　发送执行缩放指令的功能

功能	F7.3 发送执行缩放命令
说明	发送操作员所需的缩放级别 此功能用于对相机进行变焦

续表

输入	缩放级别
输出	缩放级别到相机
父功能	F7
子功能	待定

在与功能架构交付相关的 ISE & PPOOA 方法步骤中，还必须对功能流进行建模。F4、F5、F7 所对应的功能流如图 8-8、图 8-9、图 8-10 所示。

如图 8-8 所示，每个子功能都是独立执行的，自动驾驶仪必须同时将所需的油门信息发送给发动机，并将所需的位置信息发送给执行器以控制飞机。同时，传感器测量值被发送给自动驾驶仪进行处理，有效载荷捕获的视频需要被传输，传输遥测数据以监控飞机的状态，指示灯必须能够打开或关闭。

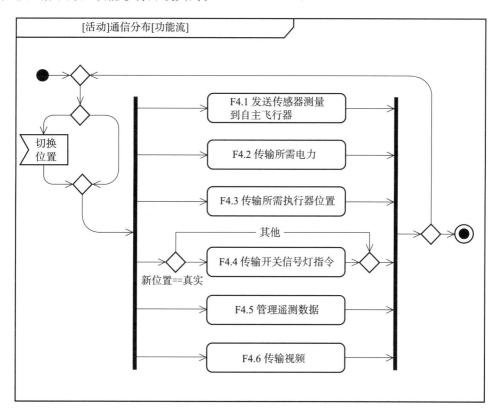

图 8-8　分发通信的功能流活动图显示

产生和管理电力功能（图 8-9）包括几个步骤：1）提供电源；2）将主电源的电压转换为所需的不同电压；3）为不同的子系统提供电源。

如图 8-10 所示，定向相机以及三个机载相机之间的切换和缩放可以同步进行。

"F4 分布式通信功能"的 N² 图见表 8-16，N² 图显示所有子功能都是解耦的。这种情况源于分布式通信子功能执行飞机的其他子系统或组件之间的通信。

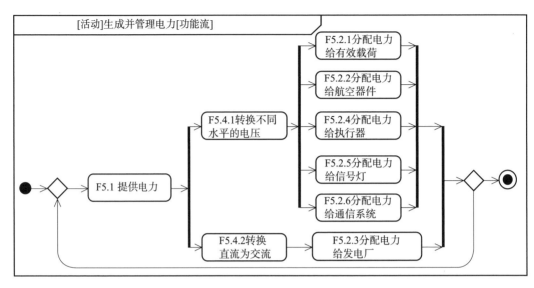

图 8-9　生成和管理电力的功能流活动图显示

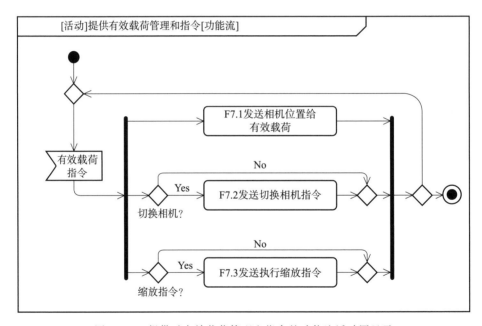

图 8-10　提供对有效载荷管理和指令的功能流活动图显示

表 8-17 显示了"F5 产生和管理电力"的 N^2 图，描述了 F5 子功能之间以及它们与 F5 外部功能之间的接口。

表 8-16　F4 分布式通信的功能接口的 N² 图表

	测量所得的环境数据	所需的发电厂	所需的执行器位置	航行信号灯开关切换的信号	遥测数据	视频信号	
	F4.1 发送传感器测量数据给自主飞行器						数据给自主飞行器
		F4.2 发送所需发电厂					所需发电厂给发动机
			F4.3 发送所需执行器位置				所需执行器位置给执行器
				F4.4 发送信号灯开关指令			航行信号灯开关信息给信号灯
					F4.5 发送/接收遥测数据		遥测数据给无线电链路
						F4.6 发送视频	视频信号给视频链路

表 8 – 17　F5 生成和管理电力功能接口的 N² 图表

电池中储备的电能												
	P5.1 供能	电力	电力	电力								
		F5.2.1 分配电力给有效载荷										为有效载荷供电
			F5.2.2 分配电力给航空器器件									为航空器件供电
				F5.2.3 分配电力给发电厂								为发电厂供电
					F5.2.4 分配电力给执行器							为执行器供电
						F5.2.5 分配电力给信号灯						给信号灯供电
							F5.2.6 分配电力给通信系统					给通信系统供电
								F5.3.1 保护以免出现电极反转			电极反转保护的电能	电极反转保护的电能
									F5.3.2 保护以免出现短路		短路保护的电能	短路保护的电能
										F5.3.3 保护以免出现过高电压	过高电压保护的电源	过高电压保护的电源
	调控的直流电源	调控的直流电源	调控的直流电源	调控的直流电源							F5.4.1 转换到直流电压	F5.4.2 转换直流为交流
	调控的交流电源											F5.4.2 转换直流为交流

8.2.2　系统需求

使用附录 B 描述的模板获取功能需求。与上述功能相关的需求如下。

功能：传输传感器测量的指令

FR _ 4.1 向自动驾驶仪传输传感器获得的测量值，以便计算控制矢量。

功能：传输所需的动力装置

FR _ 4.2 传输指定所需的动力装置以产生推力。

功能：传输执行器位置的指令

FR _ 4.3 提供所需要的执行器位置指令以对飞机进行控制。

功能：传输开/关指示灯的指令

FR _ 4.4 发送开/关指示灯的指令以使其他飞行器可见。

功能：管理遥测数据

FR _ 4.5a 遥测数据管理的功能应向地面站传输状态信息。

FR _ 4.5b 遥测数据管理的功能将从地面监控站发送指令。

功能：传输视频

FR _ 4.6 传输视频的功能应传送待处理的视频信号。

功能：提供动力

FR _ 5.1 供电功能应为飞行器的子系统自主供电。

功能：配电

FR _ 5.2 配电功能将电力分配给所有用电设备。

功能：执行电气保护

FR _ 5.3a 电气保护功能应提供反极性保护。

FR _ 5.3b 电气保护功能应提供短路保护。

FR _ 5.3c 电气保护功能应提供过压保护。

功能：管理电源

FR _ 5.4a 电源管理功能应提供不同电压的直流电力。

FR _ 5.4b 电源管理功能应提供交流电力。

功能：将相机位置发送到有效载荷

FR _ 7.1 将所需的相机位置发送到有效载荷的功能应提供目标位置。

功能：发送切换相机的指令

FR _ 7.2 发送在电、光或热图像之间进行相机切换的指令。

功能：发送执行缩放的指令

FR _ 7.3 将变焦指令发送到变焦相机。

这一部分主要是确定性能、环境约束、接口和非功能需求。下面给出一个说明性示例。

性能要求（非完整要求）：

PR＿FR.5.1：供电功能应提供足够的电力以完成 90 min 的飞行。

环境约束（非完整要求）：

EC＿1 系统的工作温度范围应在－15 ℃～＋60 ℃之间。

EC＿2 飞行器的部件应能抵抗小雨。

EC＿3 发动机应能在灰尘环境中运行。

接口要求（非完整要求）：

IF＿1. 确保连接器没有以错误的方式连接。

原理：连接器的设计方案将取决于最终选择的组件，它们将在详细设计完成后再确定。

非功能性需求：可维护性（非完整要求）：

NFR＿Maint＿005. 操作人员无需工具即可安装飞行器。

NFR＿Maint＿006. 飞机的可更换部件应在 5 min 内更换完毕。

基本原理：可更换部件包括那些在恶劣着陆或恶劣环境条件下操作时容易损坏或损坏的部件。例如，通常包括电机叶片和有效载荷。因此，一旦完成了组件的最终选定，将在适当的时候包含"可更换"标签，这将有助于列出这些组件并保持其可追溯性。

NFR＿Maint＿007. 嵌入式软件更新，无需拆机。

NFR＿Maint＿008. 飞行器应提供检查自身状态的端口。

非功能性需求：安全性（非完整要求）

NFR＿Saf＿009. 如果出现失联，飞机将自主返航。

NFR＿Saf＿010. 飞行器应具有适当的机械强度和稳定性，可承受发射过程中的应力，不会出现干扰飞行安全的破损或变形。

NFR＿Saf＿012. 飞行器应具有承受着陆时可能发生的任何撞击的机械强度和韧性。

图 8-11 显示了执行供电功能的无人机电池。

图 8-12 说明了 IF＿1 是如何实现的：不同的连接器用于连接飞行器的不同元件，从而防止发生错误连接。

图 8-11　搜索者的 UAS 电池

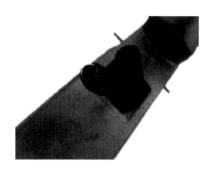

图 8-12　搜索者的 UAS 连接器

数据词汇表（非完整要求）：

以下要求定义了系统元素之间的数据交换，遵循附录 B 推荐的数据词汇符号。

DD ＿ R ＿ 050. 航点消息的定义：航点＝纬度＋经度＋高度＋空速

DD ＿ R ＿ 051. 相机位置信息的定义：相机位置＝方位角＋仰角

DD ＿ R ＿ 052. 有效载荷指令的定义：有效载荷指令＝摄像机位置＋摄像机索引＋缩放倍数

8.3　物理架构和启发式应用

按照 ISE & PPOOA 流程的步骤，一旦定义了功能架构，下一步（ISE & PPOOA 步骤 4）就是开发合适的物理架构。这个架构随着功能架构一起完善和发展，所以这个过程应理解为迭代升级过程，而不是线性前推的过程。

在描述 ISE & PPOOA 方法应用于电气子系统的过程之前，首先展示整个飞机的物理架构，以了解本章所研究的电气子系统的背景。图 8 - 13 显示了飞机的高层级子系统。

确定的子系统将执行所有的功能需求。以下对子系统进行简要描述：

1）航空电子子系统包括飞行计算机、自动驾驶仪、通信设备、导航系统和传感器。

2）机械子系统包括执行器、铰链等，它们在运动中转换成电信号。

3）推进子系统包括发动机、螺旋桨和所有其他相关元件。

4）任务子系统包括与任务定义、管理和有效载荷相关的元素。

5）电气子系统包括存储、转换、调节和监控电力和信号的元件。

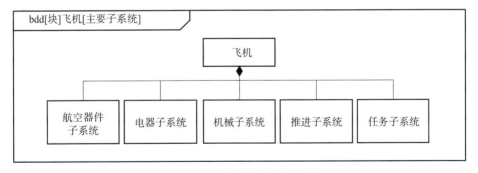

图 8 - 13　飞行器的主要子系统

8.3.1　启发式的应用

作为 ISE & PPOOA 过程的一个基本部分，有必要应用启发式方法来构建模块化和精细化的物理架构，以便做出满足质量属性要求的设计决策。模块化、可维护性和安全性是选择应用启发式的主要考虑因素，总结如下。

SA ＿ Heu ＿ 6：对相互之间关联很强的功能进行分组和分配，将不相关的功能分离。

SA ＿ Heu ＿ 8：选择子系统之间通信最少的配置。

Man_Heu_8：隔离预期的变化。此处也适用于非软件构建元素。

Man_Heu_9：提高抽象层次。此处也适用于非软件构建元素。

Man_Heu_13：维护现有的接口。此处也适用于非软件构建元素。

SF_Heu_2：尽量减少组件和交互的数量。

SF_Heu_4：加强执行时间的要求。

电气子系统是一个非常特殊的子系统，它与需要电力驱动和涉及数据交换的所有组件进行互连。良好的功能和物理架构设计，将使整架飞行器具有更好、更简单的电气子系统。将启发式方法应用于整个飞行器设计的例子有很多，解释如下：

SA_Heu_6：如表 8-16 所示，当功能之间的关联性较弱时可以分离为独立的功能。

SA_Heu_8：设计中尽量减少子系统之间的通信，这将产生更简单有效的电气子系统。

Man_Heu_8：有些组件（例如无线电和通信设备）可能会进行更改以满足最终用户对 RF 法规或任务要求（频率、发射功率等）的需求。因此，隔离无线电组件以简化对它的替换并维护接口（MAN_Heu_13）就显得非常重要。

Man_Heu_9：已应用于图 8-14 中的块保护元素。为了避免考虑不同组件的保护特性而提高了抽象级别。

SF_Heu_4：已用于验证子系统之间通信丢失的情况。

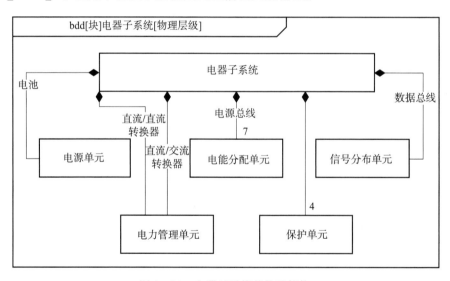

图 8-14　电器子系统的物理架构

8.3.2　物理架构

电气子系统的物理层级结构可通过使用第 6 章和第 7 章中定义的模块化标准，并应用选定的启发式方法的功能分配而获得。

电池存储能量并以电力的形式传输能量，不同的电源轨道合适的 DC-DC 功率级提供，发动机的功率由 DC-AC 功率级提供并且还包括保护元件。

　　电源总线和信号总线在必要时分别进行电源和数据分配；在这种情况下，电源或数据总线对应于一个抽象实体，它由物理部分（电线和连接器）和逻辑部分（数据格式和协议）组成。经典的军事和商业航空电子数据总线的标准并不适合这种方式，例如众所周知的 ARINC429、ARINC629 和 MIL - STD - 1553B/STANAG3838。尽管这种应用广泛被采用并显示出较高的稳定性和模块化水平，但它们不符合飞机的整体重量和尺寸限制（第8.1 节），并且轻型无人机的航空电子设备通常不符合军事和商业航空电子设备的标准。为避免在机载元件的电气规格方面限制过多，可将适当的电源和数据总线的选择与这些元件选择相关联。同时，在早期设计阶段将它们作为电源或信号分配组件，以便实施组件的功能性和非功能性需求分配。

　　在后续步骤中，先前确定的功能被分配给物理元素（ISE & PPOOA 的步骤 4.1），如下所示。

　　图 8 - 15、图 8 - 16 和图 8 - 17 反映了这个分配步骤产生的模型，它们是迭代过程的结果。为简洁起见，本章未给出迭代过程。图 8 - 18 反映了电子系统的组件关系。

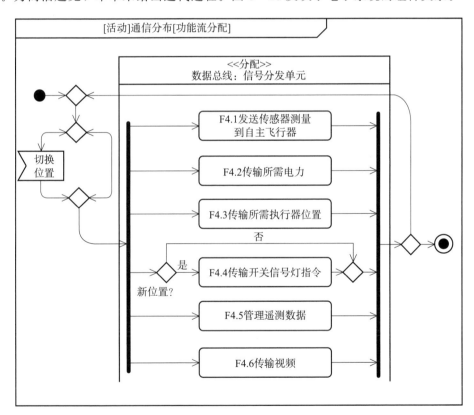

图 8 - 15　分发通信的功能流活动图显示

　　一旦应用了启发式方法并完成了分配，则可以认为已完了细化改进的架构。表 8 - 18～表 8 - 25 提供了物理部件的说明。

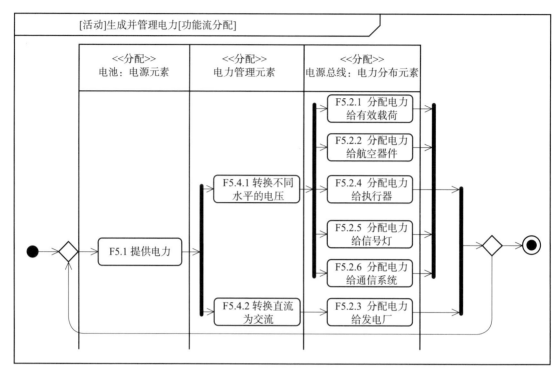

图 8-16 被分配的发电和管理电力的功能流

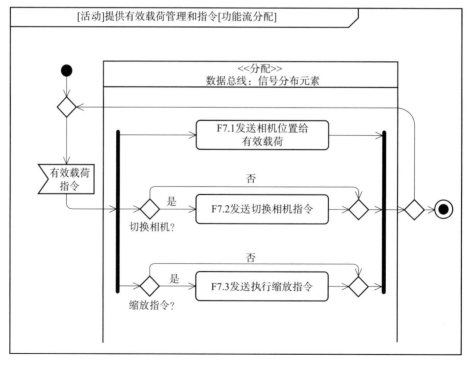

图 8-17 提供有效载荷管理的功能流

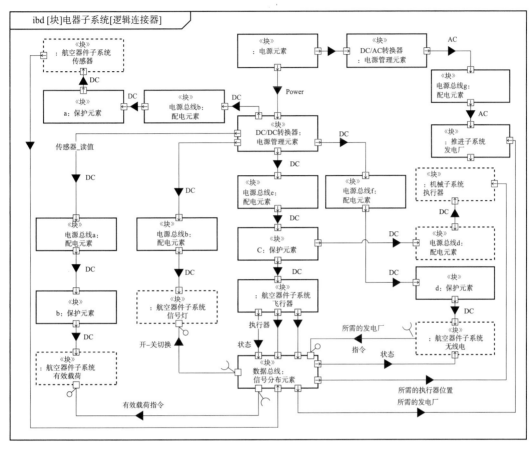

图 8 - 18 电器子系统的组件关系

表 8 - 18 电源元件的说明

电源元件
输入:不适用
输出:电力
分配的功能:F5.1 提供电源

表 8 - 19 电源管理元件的说明

DC/DC 转换器:电源管理元件
输入:功率
输出:直流
分配的功能:F5.4.1 转换为不同的电压水平

表 8 - 20　电源管理元件的说明

DC/AC 转换器:电源管理元件
输入:功率
输出:交流电
分配的功能:F5.4.2 将直流电转换为交流电

表 8 - 21　配电元件的说明

电源总线 a:配电元件
输入:交流电/直流电
输出:交流电/直流电
分配的功能:F5.2.2 向航空电子设备分配电力

表 8 - 22　配电元件的说明

电源总线 d:配电元件
输入:交流电/直流电
输出:交流电/直流电
分配的功能:F5.2.4 为执行器分配电源

表 8 - 23　配电元件的说明

电源总线 c:配电元件
输入:交流电/直流电
输出:交流电/直流电
分配的功能:F5.2.3 向发电厂配电

表 8 - 24　保护元件的说明

b:保护元件
输入:直流
输出:直流
分配的功能: F5.3.1 防止反极性 F5.3.2 短路保护 F5.3.3 过压保护

表 8 - 25　信号分配元件的说明

数据总线 a:信号分配元件
输入:状态、传感器读数、所需的执行器位置、所需的发电厂指令
输出:状态、所需的执行器位置、所需的发电厂、有效载荷指令、开关切换

分配的功能：

F4.1 将传感器测量值传输到自动驾驶仪

F4.2 传输所需的发电厂

F4.3 传输所需的执行器位置

F4.4 发射开/关灯指令

F4.5 管理遥测数据

F4.6 传输视频

F7.1 发送所需的相机位置以指向目标

F7.2 发送切换相机指令

F7.3 发送执行缩放命令

8.4　总　结

本章遵循 ISE & PPOOA 方法来设计轻型无人机。与工程中的许多过程一样，它不应被理解为线性的、单向的、循序渐进的过程，而应该为一种通过许多迭代过程实现的开发，其结果在本章中呈现为模型和文本描述。在功能和物理架构的开发中尤其如此，两者都以并行和迭代的方式发展，它们相互提供信息进行彼此的完善。这有点类似于"需求和架构的双峰模型"[6]，但是功能和物理架构以并行、迭代的方式开展细化。

这种方法构建了一种灵活的途径用以设计更好的系统和产品，记录和组织信息，并指出设计、架构和工程选择中的缺陷。

对于无人机电气子系统的设计，基于以下三个事实，在此归纳提出 ISE & PPOOA 方法的一些固有优势：

1）从功能中生成功能需求；

2）功能驱动功能层级结构，从而驱动需求；

3）通过非功能性需求来考量突发性属性（NFRs 和突发性之间确实存在真正的联系）。

因此，ISE & PPOOA 的使用产生了以下的结果：

1）一种简单直观的方法来识别和发现需求，并保持需求列表足够长并且有意义。隐秘的利益相关者或实体发布的任何独立要求不会扩大列表并且难以追踪。

2）一种保持需求可追溯性和识别物理架构缺陷的有效方法，从而实现更好的设计。

3）一套结构良好、定义明确、易于处理且足够长的初始设计文档，并且它可以在后续开发阶段中轻松更新。

4）便于将所有项目信息放置在系统环境中，适合用作任何级别人员的参考和指南，包括开发人员、项目经理、系统工程师和管理人员。

参 考 文 献

[1]   Stevens，B. L. ，F. L. Lewis，and E. N. Johnson，Aircraft Control and Simulation: Dynamics, Controls Design，and Autonomous Systems，Hoboken，NJ: John Wiley & Sons，November 2015.

[2]   Moir，I. ，and A. Seabridge，Design and Development of Aircraft Systems，Hoboken，NJ: John Wiley & Sons，December 2012.

[3]   Jackson，S. ，Systems Engineering for Commercial Aircraft，Second Edition，Surrey，UK: Ashgate Publishing Limited，2015.

[4]   Fletcher，S. ，et al. ，"Modeling and Simulation Enabled UAV Electrical Power System Design," SAE International Journal of Aerospace，Vol. 4，No. 2，2011，pp. 1074 – 1083.

[5]   Fletcher，S. ，et al. ，"Determination of Protection System Requirements for DC Unmanned Aerial Vehicle Electrical Power Networks for Enhanced Capability and Survivability," IET Electrical Systems in Transportation，Vol. 1，No. 4，December 2011，pp. 137 – 147.

[6]   Nuseibeh，B. ，"Weaving Together Requirements and Architectures," IEEE Computer，Vol. 34，No. 3，March 2001，pp. 115 – 119.

第9章 应用示例：协作机器人

本章将介绍 ISE & PPOOA 方法在协作机器人系统中的应用。机器人系统正面临更严格的要求，在制造业中，传统的自动化解决方案正在被先进的机器人系统所取代。这些新的机器人系统具有软件密集型和多样性的特点，使用创新技术来满足灵活性和人类协作性的需求。这些复杂系统的工程设计给系统工程师们带来了多重挑战，但 ISE & PPOOA 方法可以帮助他们成功解决这些挑战。

本章的结构遵循 ISE & PPOOA 流程中的步骤（第 4 章）。第 9.1 节讨论机器人应用的任务维度，应用系统工程子过程中的步骤来识别机器人的操作场景，并确定系统能力和高级功能需求。在第 9.2 节中，介绍了功能架构通过迭代来实现所需功能并将它们分解为子功能。第 9.3 节详细阐述了机器人系统构建元素的功能分配，以及应用第 6 章中提出的一些启发式方法对物理架构进行改进。该节特别关注安全性，这是协作机器人系统的关键质量属性。构建的用于制造业的机器人解决方案是软件密集型的，因此第 9.4 节介绍了如何应用 PPOOA 子流程来获得协作机器人的软件架构，该架构使用 PPOOA 软件相关的启发式方法进行改进。

9.1 示例概述、需求和能力

从机器人技术到人工智能，新技术正使得复杂任务的完成具有更高的自动化和灵活性，并更好地与人类合作。自动化行业需要新的方法和工具来开发这些新的复杂机器人系统设计的解决方案。MBSE 与传统方法相比，在处理这些新的软件密集型机器人应用程序的异构性和复杂性方面具有多种优势。

本例将 ISE & PPOOA 应用于处理小包裹的协作机器人应用程序的设计。协作机器人与人工操作员一起处理堆叠容器中不同类型产品的订单。操作员通过用户界面输入订单并按下启动键，机器人从容器中按顺序收集产品并将它们放入交货箱中。操作员负责监督操作，在空闲时更换产品容器，或对机器人未正确交付的产品进行处理。操作员还可以通过定义容器位置和堆叠模式来产生新的产品类型，机器人系统则自动生成动作以挑选产品。交付仓位于机器人和操作员之间的共享空间。得益于"一日工厂"项目[1]中开发的两项新技术，机器人和操作员在该空间内安全交互。机器人的皮肤允许机械手检测与操作员的任何潜在碰撞，然后动态避障控制器调整机器人运动以避免发生碰撞。

9.1.1　确定操作场景

ISE & PPOOA 方法的第一步是识别机器人系统的操作场景，以便基于系统的任务进行建模。在这个阶段，机器人专家、需求工程师、工厂车间经理以及操作员共同讨论对机器人的预期行为，让未来与机器人一起工作的操作员参与进来是很重要的，以便其完全理解对机器人行为的期望。

表 9-1 总结了不同的操作场景，所有场景都涉及与操作员的交互。这与传统的自动化解决方案存在很多相同之处，在传统自动化解决方案中，交互仅限于部署和维护。可以使用模板表单来描述每个操作场景。表 9-2 显示了使用模板的"产品选择"的操作场景。需要为所有操作场景提供类似的描述。为了简洁起见，此处不作全部列示。

表 9-1　操作场景

部署或适应阶段	
S1 系统配置和校准	操作员将机械臂和产品容器安装在框架中，并将机械臂移动到每个容器的参考位姿，因此所有末端执行器位姿都进行离线校准，以便机器人能够接触到所有产品
S2 配置新产品*	操作员添加新产品类型的堆栈，可能具有不同的尺寸(在有限的变化范围内)，或者用新的类型替换现有类型并通过操作员界面通知系统。该系统能够处理包含新产品类型的订单
操作阶段	
S3 系统启动	操作员启动所有子系统，机器人手臂校准其关节
S4 管理订单	系统接收由一种或多种产品类型的多个产品组成的订单请求，并通过自主处理产品将订单交付到箱中
S5 抓取产品	机器人将夹具移动到按顺序放置下一个产品的容器，抓住一个可用的产品，然后从装它的容器中撤退
S6 交付产品	机器人用输送箱中的抓手输送它所持有的产品
S7 添加产品	当其中一个产品堆栈为空时，机器人会通知操作员并移动到允许操作员访问以将容器替换为装满产品的容器的配置
S8 关机	操作员通过用户界面关闭系统；于是，容器的状态被存储在持久存储器中，并且机器人手臂移动到待机位置
S9 紧急停止	出现异常行为时，将激活机器人手臂的紧急停止功能，停止当前的任何运动，并通知操作员

注：* 这是用于制造新型先进机器人解决方案的典型场景；灵活快速地调整机器人系统以处理新产品。

表 9-2　"S5 产品选择"操作场景的说明

操作场景	S5 Pick 产品
前提条件	1)系统初始化 2)有一个订单已处理并准备好执行或部分执行 3)产品的非空容器
触发事件	订单管理器组件检索订单请求中的下一个产品

续表

操作场景	S5 Pick 产品
描述	机械臂执行从堆栈中挑选产品所需的动作,该系统使用皮肤感应信息来避免移动时发生任何碰撞
后置条件	1)机械手抓握产品 2)堆栈减少了一个单元

9.1.1.1　运营需求

这一步骤中的一个重要作用是确定所有操作场景中的需求。以"产品选择"场景确定的操作需求为例,这些需求更能代表协作机器人应用程序,并且与 ISE & PPOOA 方法的讨论相关。在此阶段,操作需求从客户/任务的角度捕获机器人应用程序的需求,在该阶段不需要过度严谨,因为它们在后续过程中会转化为更为精确的系统需求。

9.1.1.2　"产品选择"场景中的运营需求示例

ON2＿1[①]：系统应能拣取圆柱形或箱形产品,最大尺寸为 20 cm,有一个可供吸抓的顶部平面,其最小尺寸为 40 cm,最大重量为 0.2 kg。

ON2＿2：系统应从最大尺寸为 0.6 m×0.6 m 的顶部开口的容器中抓取产品,成排垂直堆叠放置。容器的最大深度为 0.3 m。

ON2＿3：如果在执行过程中没有潜在的碰撞,系统将在 2 s 内完成抓取任务。

ON2＿4：系统应移动到所需产品类型的堆栈,而不会与工作单元的固定部分发生碰撞。

ON2＿5：系统应安全拣选物品,根据 ISO/TS15066：2016[2] 保证操作员在共享工作空间内的安全。

ON2＿5.1：交货箱周围的区域应始终被视为与操作员共享的工作空间。

ON2＿5.2：在共享工作空间内移动时,系统应监控机器人手臂与障碍物之间的最小安全距离。如果违反,运动将立即停止。

ON2＿5.3：系统的运动部件不应有任何锋利的边缘,机器人手臂和夹持部件的夹具应重量轻。

9.1.2　能力和高级功能需求

在描述了机器人系统的操作场景之后,下一步是将操作需求转换为机器人系统的功能需求。

以下是我们用于确定机器人系统功能需求的一些重要考虑因素。

1) 在对应用程序能力进行分析时,首先考虑通用类别的能力,这有助于分析的完整性,防止遗漏一些所需的特定功能。这些一般类别的能力由该领域专家确定。图 9-1

---

① 确定运营需求很重要。一个操作需求可能出现在多个场景中。这里 ON 代表操作需求,第一个数字对应场景,第二个数字对应操作需求。

显示了对机器人系统通用能力的考虑；例如高可用性、灵活性，它有助于确定协作机器人应用程序的特定功能和快速部署时间。协作机器人的优势之一是可以快速部署，通过简单地重新编程并调整其附件（例如用于处理零件的夹具）来适应不同的应用。

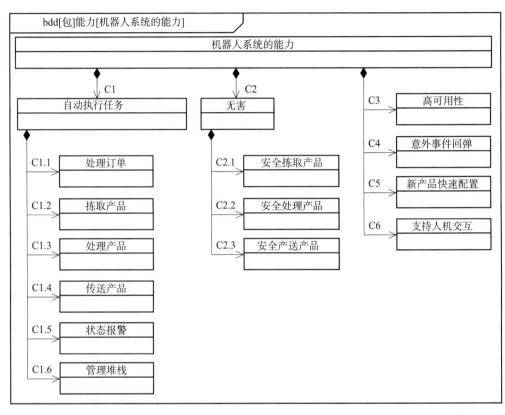

图 9 - 1　用以捕获协作机器人应用程序所提供功能的 SysML 块定义图

考虑通用能力，还包括我们能够识别所期望行为中的不同关注点。在协作机器人中，一个关键的安全行为（通过类别）使机器人在移动时避开障碍物。这与无害能力有关，以防止机器人对操作员、产品或工厂设备造成任何伤害。机器人的避障行为还与应对突发事件的应变能力（C4）相关，这是涉及高可用性（C3）的一个重要方面。

2）当我们仅处于任务争取阶段时，尚未深入考虑解决方案中所使用的机器人技术。机器人系统必须能够拣选产品（C1.2），通过将产品从堆栈中带到交付仓（C1.3）并交付产品（C1.4），但无法保证如何才能让机器人做到这一点（例如，它可能会使用相机定位产品以抓取产品，或根据堆栈的几何形状和产品尺寸进行定位）。

3）任何能力都必须至少满足一种操作场景的需求。为避免不必要的功能，需创建一个可追溯性矩阵（表 9 - 3），根据场景的需求确定每个场景需要哪些功能。

4）识别功能的子元素有利于后续为功能和质量模型构建层级结构并提取需求。例如，通过包含管理错误的高级功能来解决 C3 高可用性的问题。

表 9 - 3　能力（列）和场景（行）的可追溯性矩阵

	C1.1 处理订单	C1.2 拣取产品	C1.3 处理产品	C1.4 传送产品	C1.5 状态报警	C1.6 管理堆栈	C2.1 安全拣取产品	C2.2 安全处理产品	C2.3 安全传送产品	C3 高可用性	C4 突发事件回弹	C6 快速配置新产品	C6 支持人机交互
S1 系统的配置与校正	—	—	—	—	—	—	—	—	—	×	×	—	×
S2 新产品配置	—	—	—	—	—	—	—	—	—	×	×	×	×
S3 系统启动	—	—	—	—	—	—	—	—	—	×	×	—	×
S4 管理订单	×	—	—	—	—	×	—	—	—	—	—	—	×
S5 拣取产品	—	×	—	—	×	—	×	—	—	—	—	—	×
S6 产送产品	—	—	×	×	×	—	—	×	—	—	—	—	×
S7 填充产品	×	—	—	—	—	×	—	—	—	—	—	—	×
S8 关机	—	—	—	—	—	—	—	—	—	×	×	—	×
S9 紧急停机	—	—	—	—	—	—	—	—	—	×	×	—	×

9.1.3　质量属性和系统 NFR

为了获得 NFRs，首先通过获得与能力树互补的质量属性树，来分析与系统相关的质量属性。ISE & PPOOA 方法推荐了一个通用的质量模型（附录 B），它可适用于每个特定的应用。机器人系统的质量属性树（图 9 - 2）是通过识别与机器人制造程序相关的通用模型中的质量属性（QAs），并根据需要对其进行细化而获得的。例如，工厂系统中的可用性主要取决于组件的可靠性，它与恢复子因素有关。而安全性则是协作机器人应用的一个关键方面。在此我们将重点关注资产保护的两个方面[7]：伤害保护，即将事故发生时的伤害限制在可接受的水平（例如，操作员与机器人发生碰撞时对操作员造成的伤害）；安全事故保护，即采取措施防止此类事故发生的措施。现代机器人制造的另一个重要方面是系统的灵活调整以适应新类型产品，这与 ISE & PPOOA 方法中通用质量模型中的可变性相对应。需要注意的是质量属性可能与多个关注点相关。例如，在机器人应用中，检测障碍物的响应时间对于安全性很关键。实际的机器人应用涉及更详细的质量属性，在此只考虑图 9 - 2 中的部分属性。

一旦我们获得了质量属性树，这些属性的质量模型将为我们提供用于定义相关需求的模板。例如，考虑效率的质量模型。制造应用中最重要的效率因素是加工产品的平均时间。因此，考虑到 QA（质量属性）的响应时间，我们对系统主流程功能（即处理和交付订单的流程）中端到端之间的到达时间提出了要求（参见第 9.2 节中的要求 PR _ 001）。另一个是 QA 的可变性，这就引出了对系统转换时间的要求（即对系统进行更改以处理新产品所需的平均时间，参见第 9.2.2 节中的要求 NFR _ Maint _ 001）。

这些源自质量属性的非功能性需求将通过相应的启发式方法来解决（第 9.3 节）。

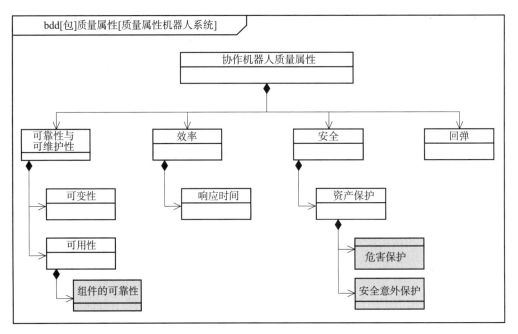

图 9 - 2　本例中考虑的协作机器人应用程序的质量属性（不完整）

（阴影框显示在为机器人应用程序进行细化时添加到通用模型中的 QA）

9.2　功能架构和系统需求

一旦从任务角度对机器人系统的能力和质量属性树进行描述，就必须设计解决这些问题的功能架构。这一步是 ISE & PPOOA 过程中最重要的一步，也是与其他方法的区别所在（第 5 章）。

图 9 - 3 通过使用 SysML 内部框图[①]为协作机器人应用程序确定应用背景，并定义了主要元素之间的关系。与现代制造业中应用的机器人一样，本例中的机器人系统由一个现成的机器人机械手（机器人）、一个用于处理应用中的产品的末端执行器（吸力抓手）、补充传感器设备（机器人皮肤），以及一个负责协调操作并通过用户界面与操作员通信的控制子系统组成。图中将操作员考虑为整个系统的一部分，而产品被视为系统外部分（虚线框）。图中省略了其余的工作元件（主要是框架和接线）。控制子系统是对开发要求更高的元素，是本章示例的重点。

9.2.1　功能架构

第 5 章介绍了三种获得功能层级结构的方法。对于本例中的协作机器人应用程序，将采用如下方式进行组合。

---

①　在第 8 章中使用了块定义图来定义上下文。两者都是可行的，建模者可以选择任意一种能够更好表示特定系统上下文的方法。

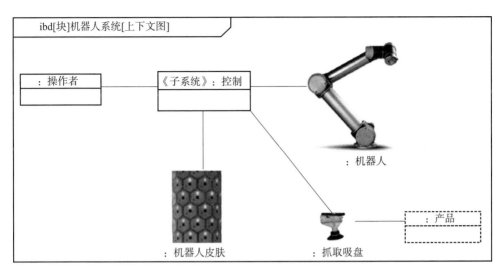

图 9-3　协作机器人抓放应用程序的系统上下文视图

1）首先，从能力（图 9-1 和表 9-4）和领域知识中识别高级功能。表 9-5 中描述了这些高级功能。

表 9-4　协作机器人的能力

C1 自主执行任务	机器人系统应该能够自主处理和交付完整的产品订单
C1.1 处理订单	系统应该能够处理订单请求并将其分解为订单中产品的拾取和放置操作
C1.2 拣取产品	机器人可以从堆栈中挑选产品
C1.3 处理产品	机器人可以在不掉落任何产品的情况下移动
C1.4 传送产品	机器人可以通过将产品放入箱中来交付产品
C1.5 状态报警	机器人将配备工作单元的 3D 模型和传感器，以监控其周围环境并获得有关可能碰撞的运行时间信息
C1.6 管理堆栈	机器人保留堆栈的库存，以了解从哪里挑选产品，并在堆栈为空时通知操作员
C2 无害	考虑到机器人不应造成任何伤害，因此无害是安全的一个特定方面。无害是一种复杂的能力，既需要实现某些功能（例如 C2.1），又需要质量属性（例如移动部件不应暴露锋利的边缘）。为此，该系统将符合 ISO/TS 15066:2016 的协作机器人应用程序[2]
C2.1 安全拣取产品	机器人拣取产品，同时避免与工作单元、产品或操作员的任何部分发生意外碰撞
C2.2 安全处理产品	机器人手持产品移动，不会失去对产品的抓握或与任何障碍物发生碰撞
C2.3 安全传送产品	机器人将产品存放在传送箱中而不会对产品、箱或操作员造成任何损坏或伤害
C3 高可用性	机器人系统应在 98% 的时间内可用（也称为制造中的正常运行时间）。提高可用性是一种复杂的能力，它包含不同的功能和质量属性。这种能力将映射到机器人系统组件的可靠性要求
C4 突发事件回弹	突发事件是与另一个参与者或其环境的不可预见和不希望的相互作用。机器人系统必须能够管理的突发事件的示例是产品堆叠中的小偏差，或者可能导致拣选失败的产品形状的微小不规则

续表

C5 快速配置新产品	现代机器人系统的一个关键方面是它们可以灵活地被快速配置以处理新型产品。单个操作员能够安装一个装有新型产品的容器堆栈。这涉及配置控制软件,以便机器人可以处理包含新产品的订单,包括执行拣选和交付产品所需的新动作
C6 支持人机交互	该系统将为人类操作员提供一个界面来管理系统

表 9 - 5　机器人系统中高级功能的识别

F1 来自 C6 的手柄操作界面	该系统通过合适的设备处理与人工操作员的通信,以便操作员可以请求订单、监控订单处理状态以及取消订单
F2 管理来自 C1.1 的订单	系统将订单请求分解为将订单请求中的所有产品交付到箱中所需的一组拾取和放置操作
F3 协调来自 C1.1 的产品操作	系统计划并协调执行从相应堆栈中挑选每个产品并将其交付到箱中所需的操作
F4 管理来自 C1.6 的产品堆栈	机器人保留堆栈的库存以知道从哪里挑选产品
F5.4.2 从 C2.1、C2.3 处安全移动机器人	机器人在工作单元内移动,不会与环境或操作员造成任何有害碰撞
F6 从 C1.2、C2.1 和 C2.2 处拣取产品	机器人从相应的堆垛中按顺序挑选每个请求的产品
F7 从 C1.4、C2.2 和 C2.3 处传送产品	机器人按照要求的顺序交付所有产品,将它们放入交付箱中,使箱中的任何产品都没有损坏
F8 管理来自 C3 的错误	识别任务执行过程中的任何异常行为,并采取纠正措施加以克服。在异常行为中,我们可以考虑畸形的订单请求或运动执行的畸形轨迹。机器人在这些错误的情况下通知操作员,并记录系统执行的相关信息。系统应检测错误以防止失败(例如,对轨迹进行健全性检查以防止执行格式错误的轨迹)。当故障导致伤害时,这是一个安全问题
F9 对 C5 进行校正	操作员可以将新的产品堆叠放置在工作单元中并进行必要的校正,以便机器人可以移动和拣取新堆叠中的所有产品。例如,通过引入堆叠模式和参考位置,或对机器人到达和拣取所有产品所需的动作进行离线示教

2) 其次,获得对系统主要响应(即期望行为)的描述。为此,我们采用各操作场景并确定需要从系统中执行的子操作。例如,场景"S5 产品选择"所需的子操作由图 9 - 4 中的活动图进行建模。当机器人对产品堆栈执行动作时,动态障碍物感知所对应的并行流(图 9 - 4 右侧)将发出的"感知障碍物"的信号进行中断,该并行流以高频周期性运行,并使用机器人皮肤检测障碍物。图 9 - 4 中的图表是用于识别活动并将其分组为功能的草图(灰色注释)。在最终版本的活动图中,应标记所有活动并指示相应的功能。

3) 下一步是将图中的动作迭代分组为活动或子功能,尝试将它们映射到高级功能并确定它们的功能接口。第 5 章中描述的内聚标准可以推进这个分组过程。应用内聚标准的一个简单实用的规则是:如果父功能下还有子功能,则至少有一个子功能应该使用父功能的输入,并且至少有一个子功能应该产生父功能的输出。

第 5 章中描述的 N^2 图对于分组过程非常有用,因为它提供了功能接口的简捷表示。表 9 - 6 展示了一个 N^2 图,它可以通过表示场景"S5 挑选产品"的功能流中所涉及的接口和交换来对图 9 - 4 中的活动图进行补充。注意，整个系统的 N² 图应该有更多的行和列以说明系统运行中的其他场景。

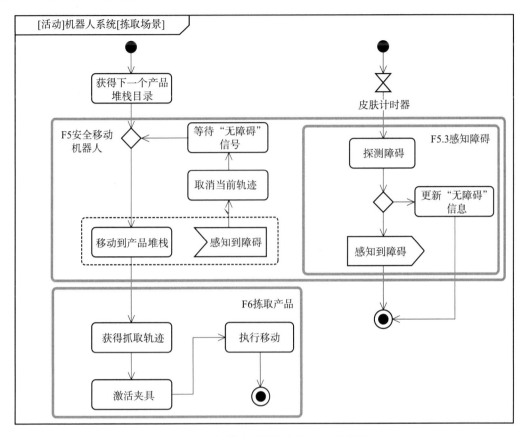

图 9 - 4　机器人所需行为的初步活动图

表 9 - 6　场景 S5 产品抓取功能接口的 N² 图表

请求可用的产品	请求移动到堆栈环境 3D 模型	请求拣取	打开夹具	
F4 管理产品堆栈		产品目录		
	F5 安全移动机器人	产品堆栈上的夹具		
		获取抓取轨迹（F6.1）	接近、接触和撤退的联合轨迹	
		激活夹具（F6.3.1.1）	夹具活动	
			执行轨迹（F6.2）	拣取产品

在 N² 图中，很容易识别出有意义的输入和输出的活动组。例如，"获得抓取轨迹""激活抓手""执行轨迹"等活动将产生有意义的"产品选择"输出，因此将它们归入"F6 产品选择"高级功能，再标记其相应子功能。

一个类似的过程，是将图9-4中的其他活动迭代分组到"F5 安全移动机器人"高级功能及其子功能中（例如"F5.3 感知障碍物"）。

这个分组过程产生的活动模型显示在图9-5完整系统的活动图中，以及图9-6、图9-7和图9-8中主要活动（高级功能）的功能流中。

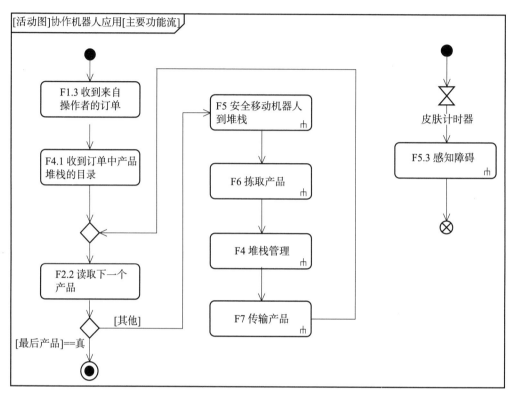

图9-5　机器人系统处理订单或产品的主要功能流

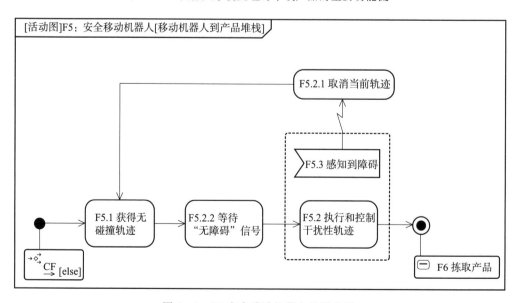

图9-6　F5 安全移动机器人的活动图

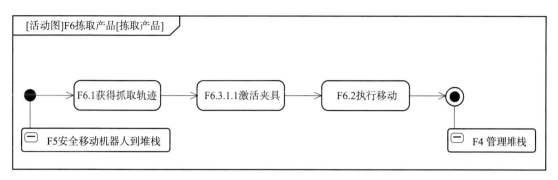

图 9 - 7　F6 产品选择的活动图

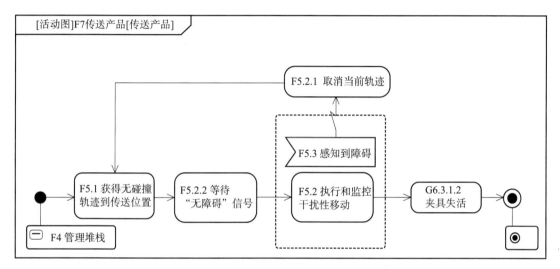

图 9 - 8　F7 传送产品的活动图

图 9 - 5 中的主要功能流包括了与高级功能相对应的大部分活动。"F3 协调产品操作"负责协调各个功能的激活，但这在活动图中没有明确表示（这部分将在后续的详细设计中使用序列图进行细化）。在此设计阶段，活动图中只标记了每个活动，直到执行功能的第一个子级别。这些子级别活动需要在较低级别的功能层级结构中做进一步细化。

最后，通过将前面图中的活动和子活动进行合并分组并标记为功能，我们就得到了机器人系统完整的功能层级结构（图 9 - 9 的框图）。

遵循 ISE & PPOOA 流程，除了表示功能层级结构的块定义图和对功能流建模的活动图之外，通过使用第 5 章中建议的模板描述所有功能及其接口来完成功能架构模型。示例见表 9 - 7。

需要注意的是，获得功能层级的过程是一个迭代细化的过程，它与通过 NFRs 和物理架构对 QA 树进行细化并行推进，因此可以在后期阶段进行修改。例如，为机器人的物理子系统分配不同的功能时（9.3 节）。为确保使用 ISE & PPOOA 流程进行机器人应用程序设计的完整性，我们将创建一个可追溯性矩阵，以验证被系统识别的所有功能是否由功能和/或 QA 处理（表 9 - 8）。

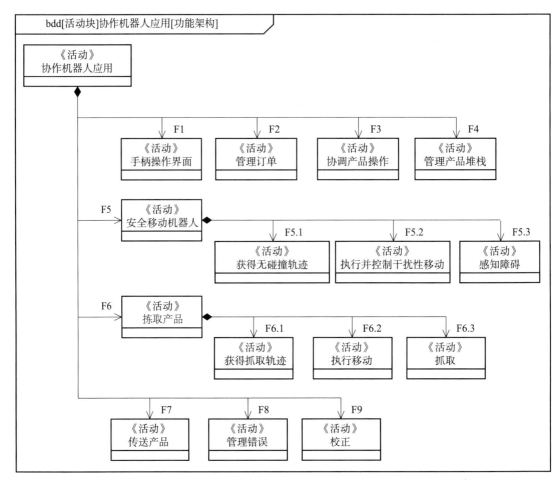

图 9－9　机器人系统的功能架构

表 9－7　F6 产品选择功能的说明

功能	F6 拣取产品
说明	获取无碰撞关节轨迹,以将机器人从其当前配置移动到其末端执行器(夹具)的给定输入位姿
输入	拣取请求 堆栈几何 产品目录
输出	拣取到产品
父功能	无
子功能	F6.1 获得抓取轨迹 F6.2 执行运动 F6.3 抓取

表 9 - 8 可追溯性矩阵的函数和 QA（行）能力

	C1.1 处理订单	C1.2 拣取产品	C1.3 处理产品	C1.4 传送产品	C1.5 状态报警	C1.6 堆栈管理	C2.1 安全拣取产品	C2.2 安全处理产品	C2.3 安全传送产品	C3 高可用性	C4 架发事件回弹	C6 配置新产品	C6 支持人机交互
F1 操作手柄界面	—	—	—	—	—	—	—	—	—	—	—	—	×
F2 管理订单	×	—	—	—	—	—	—	—	—	—	—	—	—
F3 协调产品操作	×	—	—	—	—	—	—	—	—	—	—	—	—
F4 管理产品堆栈	—	—	—	—	—	×	—	—	—	—	—	—	—
F5.1 获得无碰撞轨迹	—	×	—	×	—	—	×	—	×	—	—	—	—
F5.2.4 执行和控制干扰性轨迹	—	×	—	×	—	—	×	—	—	—	—	—	—
F5.3 感知障碍	—	—	—	—	×	—	×	—	—	—	—	—	—
F6.1 获得抓职轨迹	—	×	—	—	—	—	×	—	—	—	—	—	—
F6.2 执行轨迹	—	×	—	×	—	—	×	—	—	—	—	—	—
F6.3 抓取	—	×	×	—	—	—	×	×	×	—	—	—	—
F7 传送产品	—	—	—	×	—	—	—	—	—	—	—	×	—
F8 管理错误	—	—	—	—	×	×	—	—	—	×	—	—	—
F9 校正	×	—	—	—	—	—	—	—	—	—	—	—	—
QA 危害保护	—	—	—	—	—	—	×	×	×	—	—	—	—
QA 安全性事件保护	—	—	—	—	×	—	×	×	×	—	—	—	—
QA 响应时间	—	—	×	×	×	×	×	×	×	—	—	—	—
QA 使用性	—	—	—	—	—	—	—	—	—	—	—	—	×
QA 可变性	—	—	—	—	—	—	—	—	—	—	—	×	—
QA 回弹	—	—	—	—	—	—	—	—	—	—	×	—	—
QA 可靠性组件	—	—	—	—	—	—	—	—	—	×	—	—	—

9.2.2　系统需求

获得了机器人系统的功能架构之后，下一步就是开展相关需求分析。该过程可使用附录 B 中建议的模板。以下是与机器人系统中主要功能相关的功能需求的示例（非详尽列表）。

F3. 协调产品运营

［FR＿3＿1］当＜输入"夹具过栈"＞时，函数＜F3＞应＜生成＞＜输出"夹具开"＞

原理：在接触目标产品之前需激活夹具以确保快速成功地抓取产品。

F5.1 获取无碰撞轨迹

［FR＿5.1］当收到＜输入"请求计划"＞＜输入"当前项目索引"包含容器中的有效索引＞＜输入"环境 3D 模型"包含机器人工作单元的 URDF[①]＞＜输入"当前机器人关节配置"包含机器人关节位置的实际值＞时，函数＜F5.1 获取无碰撞轨迹＞应＜生成＞＜输出"关节轨迹"＞。

原理：功能 F5.1 提供将机器人末端执行器移动到目标产品堆栈的轨迹，而不会与"环境 3D 模型"中建模单元里的任何元素发生碰撞。

需要注意的是，如果对某功能流有明确的强制性要求，则可以为该功能指定一些性能要求，如［FR＿5.1＿001］所示。但在其他情况下，只有将功能分配给执行的物理元素后才能确定具体的要求。

［FR＿5.1＿001］当收到＜输入"请求计划"＞＜输入"当前项目的索引"包含容器中的有效索引＞＜输入"环境 3D 模型"包含机器人工作单元的 URDF＞＜输入"当前机器人关节配置"包含机器人关节位置的实际值＞时，功能＜F5.1 获取无碰撞轨迹＞应＜生成＞＜输出"关节轨迹"＞＜在 10 ms 内＞。

原理：从 PR＿001 派生，在不超过 2 秒内完成整体操作。

下面提出源自［FR＿5.1］的其他要求。

［FR＿5.1＿002］当收到＜输入"请求计划"＞＜输入"当前项目的索引"包含容器中的有效索引＞＜输入"环境 3D 模型"包含机器人工作单元的 URDF＞＜输入"当前机器人关节配置"包含机器人关节位置的实际值＞时，函数＜F5.1 获取无碰撞轨迹＞应＜生成＞＜输出"关节轨迹"＞＜满足［DD＿R＿040］＞。

原理：提供的关节轨迹的格式必须符合数据词汇表。

［FR＿5.1＿003］当收到＜输入"请求计划"＞＜输入"当前项目的索引"包含容器中的有效索引＞＜输入"环境 3D 模型"包含机器人工作单元的 URDF＞＜输入"当前机器人关节配置"包含机器人关节位置的实际值＞时，功能＜F5.1 获得无碰撞轨迹＞应＜生成＞＜输出"关节轨迹"＞＜无需包含"时间"字段的值见［DD＿R＿041］＞。

----

①　统一机器人描述格式（URDF）是一种用于表示机器人模型的 XML 格式。

原理：FR5.1 产生的关节轨迹不需要包含时序信息。

［FR＿5.1＿004］当收到＜输入"请求计划"＞＜输入"当前项目的索引"包含容器中的有效索引＞＜输入"环境 3D 模型"包含机器人工作单元的 URDF＞＜输入"当前机器人关节配置"包含机器人关节位置的实际值＞时，函数＜F5.1 获取无碰撞轨迹＞应＜生成＞＜输出"关节轨迹"＞＜其中第一个轨迹点对应机器人当前的关节值＞。

原理：产生的关节轨迹的原点必须是机器人当前的关节值才可执行。

［FR＿5.1＿005］当收到＜输入"请求计划"＞＜输入"当前项目的索引"包含容器中的有效索引＞＜输入"环境 3D 模型"包含机器人工作单元的 URDF＞＜输入"当前机器人关节配置"包含机器人关节位置的实际值＞时，函数＜F5.1 获取无碰撞轨迹＞应＜生成＞＜输出"关节轨迹"＞＜满足约束［C＿1］＞。

原理：轨迹对于符合其运动原理和关节限制的机器人来说是可行的。

性能

［PR＿001］每个＜为订单处理的产品＞的端间时长不得超过＜2 s＞，从＜产品请求＞到＜货箱中的产品交付＞，这是与响应时间相关的 NFR 示例。

约束

［C＿1］（适用于 F5.1）获取无碰撞轨迹＞应＜生成＞＜输出"关节轨迹"＞，这是机器人的机械手控制器可执行的轨迹，符合机器人运动原理和关节限制。

［C＿2］（适用于 F5.1）获得无碰撞轨迹＞应＜生成＞＜输出"关节轨迹"＞，以避免与工作单元中的静态障碍物发生碰撞。这是与安全、伤害保护相关的示例。

非功能性需求

［NFR＿Av＿001］该系统通常应＜在工厂的所有工作时间（每天 16 h）＞可用，除非出现频率和持续时间不超过＜每 28 d 4 h＞的特殊情况，该 NFR 示例与可用性有关。

［NFR＿Maint＿001］维护者应＜能够添加新的产品类型＞，包括修改和测试，工作时间不超过 8 h。这是与可变性相关的 NFR 示例。

［NFR＿Saf＿001］应＜报告发生的任何安全事故＞。这是与安全、事故报告相关的 NFR 示例。

［NFR＿FR3.2＿001］仅＜当"F3.3 感知障碍"可操作时＞，才允许＜"执行可中断轨迹"的激活＞。这是与安全、危险防护相关的 NFR 示例。

数据词汇表

对于在协作机器人应用程序中交换的数据，遵循机器人操作系统（ROS）[5] 定义的用于控制机器人操纵器的数据类型。根据附录 B 中推荐的符号，以下将对机器人示例定义一个简化的数据词汇表。

［DD＿R＿040］：联合轨迹消息的内容：联合轨迹＝标题＋{关节名称}N＋{关节轨迹点}N，其中 N 是为应用而选择的机器人手臂的自由度数，常规机器人手臂 UR5 有 $N＝6$ 个自由度。

[DD＿R＿041]：关节轨迹点消息的内容：关节轨迹点＝〈位置〉N＋·〈速度〉N＋·（加速度）N＋（成就）N＋时间

9.3　物理架构和启发式应用

建立机器人系统的功能架构之后，ISE & PPOOA 流程的下一步就是获得系统的物理架构。按照第 4 章中描述的三个阶段执行：首先将功能分配给机器人系统的构建元素以获得模块化架构，然后通过启发式方法解决 NFR 以优化架构，最后交付优化的架构。

9.3.1　模块化架构

构建物理架构的第一步是确定构建元素（组件）。在机器人示例中还包括一些现成的元素。这些元素（图 9 - 10 和图 9 - 11）如下。

1）一个包括控制器单元的现成的工业机器人的机械手，其特性由系统架构优化过程中获得的质量属性（QAs）来确定。

2）安装在机器人末端执行器上的吸力抓手用于处理产品。

3）覆盖在机械手上的传感机器人皮肤。该设备由慕尼黑工业大学认知系统研究所开发[3]，并在执行欧洲项目"一日工厂"期间部署在多个协作机器人应用程序的原型中[4]。这种机器人皮肤可以检测动态障碍物，并适用于不同的机器人操纵器。

4）计算机运行控制软件，该控制软件含一个运动规划库，该库提供动态获取机器人操纵器运动规划的例程[5]。该库基于 Move It! 框架[8]，可以整合工作单元的静态 3D 信息以及来自传感器（例如机器人皮肤）的关于障碍物的动态信息来规划避免与环境发生碰撞的运动轨迹。

5）安装关于机器人、计算机和产品堆栈等工作单元的框架结构。

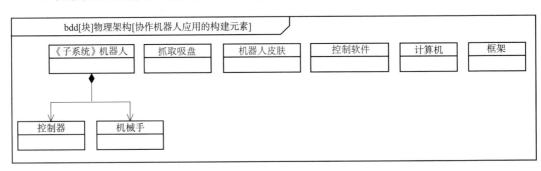

图 9 - 10　协作机器人应用的构建元素

应用模块化/结构化的启发式方法来获得协作机器人的模块化架构。

构建模块化架构可重用一些已由启发式方法设计的现成机器人组件。以下是一些示例。

SA＿Heu - 6：将彼此密切相关的功能分组，将不相关的功能隔离。制造商提供工业

图 9 - 11　协作机器人应用的照片

机器人的机械手及其控制器单元作为集成子系统，以及执行关节轨迹和其他所需功能的子系统。

SA ＿ Heu - 7：提高子系统实现的独立性。机器人皮肤是一个独立于机械手的元素，将皮肤安装在机械手上，从物理结构层面几乎可以看作机械手的一部分，但它处理的功能、连同独立的信息和电源连接，都表明它是一个独立的子系统。为了使皮肤的设计可在不同的机械手上重复使用，开发了与机械手无关的皮肤机械附件，该皮肤机械附件通过千兆以太网连接用以适应任何表面需求和通用控制接口。

SA ＿ Heu - 8：选择子系统之间通信最少的配置。大多数机械手通过提供必要的接口由控制器来控制末端执行器（如夹具等），实现物理和逻辑上的连接。

应用这种启发式方法，将吸力夹具设计为与机械手连接并成为机器人子系统的一部分组件（图 9 - 12），从而产生以下组件接口规范。

［I ＿ 1］：夹具具有与通用机器人 UR5 兼容并用于末端执行器的机械接口，以便它可以用螺栓固定到机器人的工具库中。

［I ＿ 2］：夹具提供与通用机器人 UR5 末端执行器兼容的电气接口。

除了前面的启发式方法之外，控制软件子系统中还包含了解决"F1 手柄操作员界面"所需的用户界面，将用户界面和其余应用软件在同一台计算机上运行，以免存在太多的子系统。

图 9 - 12 所示的机器人应用程序的高级模块化架构由启发式方法产生。

通过将系统功能向不同元素和子系统的分配，迭代开展物理架构的构建，初始分配见表 9 - 9。

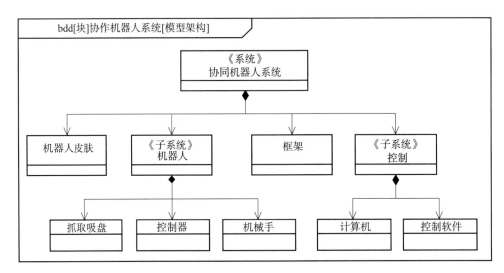

图 9-12 机器人系统的物理架构

表 9-9 物理元素的功能分配

功能	机器人皮肤	抓取吸盘	机器人	控制	框架
F1 手柄操作界面	×	—	—	×	—
F2 管理订单	—	—	—	×	—
F3 协调产品操作	—	—	—	×	—
F4 管理产品堆栈	—	—	—	×	—
F5.1 获得无碰撞轨迹	—	—	—	×	—
F5.2 执行和监控干扰性轨迹	—	—	×	×	—
F5.3.1 感知与机器人手臂的距离	×	—	—	—	—
F5.3.2 探测障碍	—	—	—	×	—
F6.1 获得抓取轨迹	—	—	—	×	—
F6.2 执行无干扰轨迹	—	—	×	×	—
F6.3 抓取	—	×	×	×	—
F7 传送产品	—	—	—	×	—
F8 管理错误	—	—	—	×	—
F9 校正	—	—	—	×	×

　　主要的分配标准是选择功能级别（行）和物理架构级别（列），以便将功能分配给单个元素。从表 9-9 可以看出情况并非如此，因为高级功能旁边包含了 F5 和 F6 的子功能，这表明功能需要进一步细分。分解过程对功能架构进行细化以适应物理架构中元素的分配。使用第 7 章中的规则进行迭代分解和分配：如果父功能分配给物理子系统或元素，则所有子功能必须分配给相同的物理子系统或元素。

　　以图 9-13 所示的"F6.3 抓取功能"的分解为例，需要对表 9-9 中分配矩阵的其他行和列进行类似的细分，直到实现——对应的分配。

9.3.2 应用启发式细化物理架构

应用解决相应 QA 的设计启发式方法，来改进架构以解决机器人系统的 NFRs。由于此应用程序属于软件密集型，在 PPOOA 之后的控制软件子系统的设计中将应用更多启发式方法。按照附录 B 中描述的需求分解过程，采用模块化架构中确定的主要组件，并通过启发式将分配功能的 QA 转换为它们的组件规范。

9.3.2.1 安全性启发式方法

考量"C2 无害"能力。在工业协作机器人的应用中，ISO/TS15066：2016[2] 给出了解决相关质量属性要求的启发式方法。遵循该指南，设计决策会产生关于机械手和夹具的组件规范（约束）（图 9-13）。

［C_3］机械手为 UR5 通用机器人的协同机械手。

原理：协同式机械手（例如 UR5）在其安全设计中包含扭矩触发的安全停止装置，以减少碰撞时的伤害。

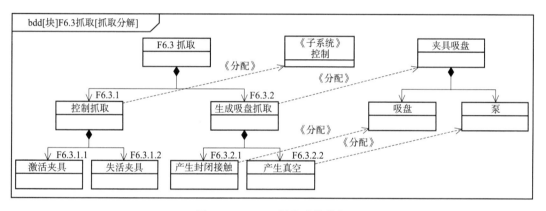

图 9-13 F6.3 抓取功能分解

然而，碰撞及其相关的紧急停止会对系统性能产生负面影响，将减少正常运行时间（"C3 高可用性"能力）并降低系统性能［要求 PR_001］。因此需要检测障碍物（F5.3）并通过执行轨迹来移动机器人。当检测到障碍物时，这些轨迹可以中断（F5.2）。

［P_6］① 夹具应重量轻（小于 0.3 kg）。

［P_7］夹具应具有最小半径为 3 mm 的圆形边缘。

原理：避免可能伤害操作人员的锋利边缘。

9.3.2.2 恢复启发式方法

启发式方法还用于解决质量属性"对意外事件的恢复"。

RS_Heu_5：人工备份。该启发式方法用于解决协作方法中固有的质量属性。包括操作员在内的协作解决方案，确保人类可以干预机器人的工作空间并纠正小故障，例如机

---

① ［P_n］表示这些要求对应于为组件指定的物理属性。

器人运行中掉落产品。

RS_Heu_7：循环中的人工干预。在该解决方案的设计中，人工干预不仅被视为异常操作中的备份，而且还积极考虑了将人工因素包含在循环内的原则。包括使用机器人运动和机器人皮肤的 LED 视觉信号系统，以便机器人在产品堆栈用尽时通知操作员需要重新填充产品堆栈。图 9-14 显示了与此流程对应的活动图，以及不同功能对物理架构元素的分配。

作为应用这些启发式方法的结果，操作员被视为机器人应用程序的一个元素（图 9-9），并且将 F4.2 替换堆栈功能以及 F4 管理堆栈功能的子级分配给操作员，而另一个子功能 F4.1 更新堆栈（库存）则分配给控制系统（图 9-14）。

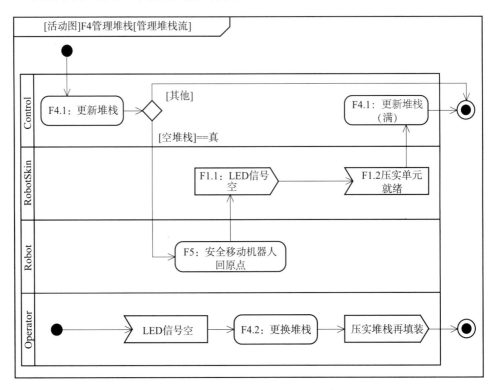

图 9-14　F4 管理堆栈流的活动图建模

9.3.3　精细化物理架构的表现形式

细化改进后的机器人系统的物理架构，它的结构没有太大变化，主要是增加了操作员和组件规范。图 9-15 显示了细化的物理层级结构，其中包括上一节中讨论的组件规范示例。然而，细化对解决方案的行为有很大影响，通过活动图建模可以补充细化后物理架构的可交付成果。图 9-16 显示了一个示例，对应于系统在拣配订单中选择第一个产品的部分功能流（实际的完整流程将包括对"管理堆栈"和"交付产品"功能子流的类似分配）。

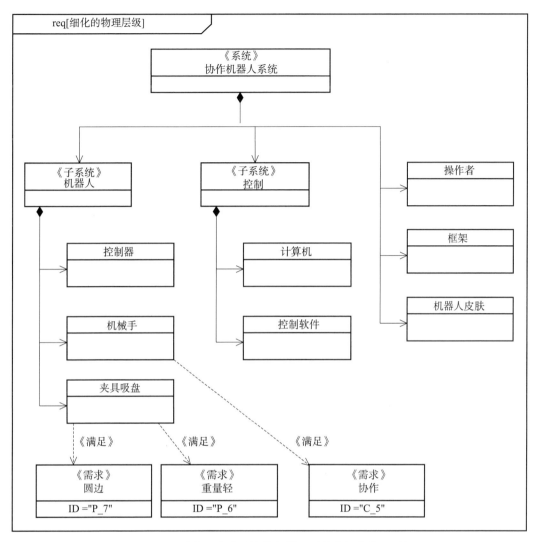

图 9 - 15　需求图中表示协作机器人系统的细化物理层级

　　除了物理层级结构和活动图之外，机器人系统可交付的最终物理架构还包括表示系统物理块及其逻辑和物理连接器的内部块图，并附有块的文本描述。图 9 - 17 和图 9 - 18 显示了机器人系统中物理块及其连接器的简化视图。

9.3.3.1　物理部分的说明

　　前面的内部框图补充了描述物理架构中每个部分的表格。下面我们以图 9 - 17 和图 9 - 18 为例对机器人皮肤和控制软件元素做描述，有关说明见表 9 - 10 和表 9 - 11。

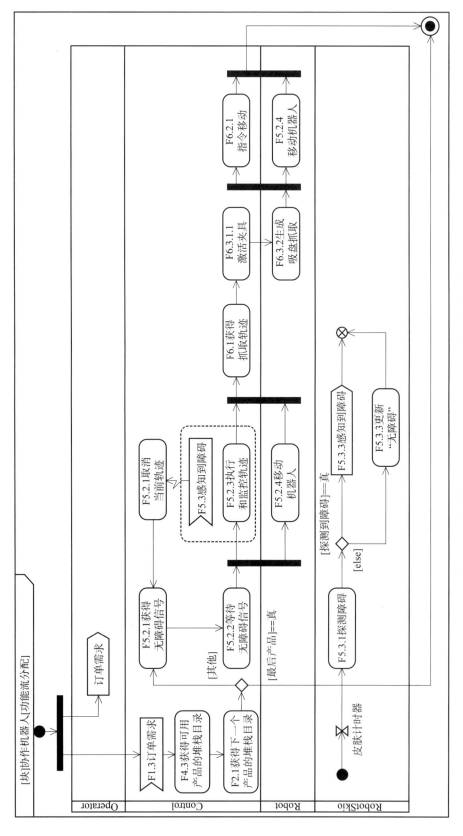

图 9－16　用于挑选订单中第一个对象的功能流分配活动图的建模

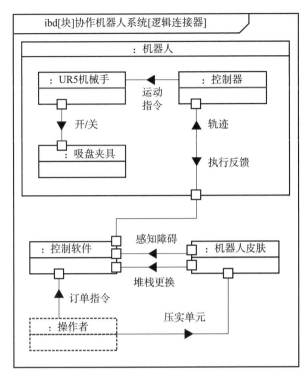

图 9-17　表示机器人系统主要部分之间逻辑连接的内部块图

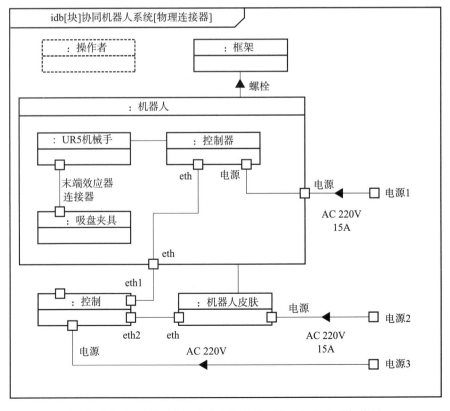

图 9-18　表示机器人系统主要部分之间物理连接的内部块图

表 9 - 10　机器人皮肤元素的说明

机器人皮肤
输入:按下单元格(来自操作员的输入信号,表示产品堆栈已重新装满)
输出:感应物体,堆栈替换
分配的功能: F1 手柄操作界面 F5.3.1 感知障碍物

表 9 - 11　控制软件元素的说明

控制软件
输入:感知对象、执行反馈、指令
输出:轨迹
分配的功能: F1 手柄操作界面 F2 管理订单 F3 协调产品操作 F4 管理产品堆栈 F5.1 获取无碰撞轨迹 F5.2 执行和监控可中断轨迹 F5.3.2 检测障碍物 F6.1 获得抓取轨迹 F6.2 执行不间断轨迹 F6.3 抓取 F7 传送产品 F8 管理错误

9.4　软件架构

如前文提到的,协作机器人系统是软件密集型的,因此我们需将重点放在系统工程的子流程上,以获得控制软件子系统的体系结构。为此,使用了第 4.4 节中讨论的 PPOOA 子流程。

最关键的是第一步,获得机器人控制子软件系统的域模型,它是控制软件子系统及其关系中重要概念的表达,涉及分析或领域类,在此将为其分配职责。一种方法是通过职责连接功能层级结构和域模型。职责是功能层级结构中的功能。这一方法将按照以下方式进行。

1) 在功能层级结构中确定哪些功能分配给软件。

2) 使用这些功能来识别实质性内容以获得域模型中的类,这是一个重要的注意事项:使用实体(事物)而不是动作(转换)。

表 9 - 12 列出了分配给软件（控制子系统）的功能，突出显示了实质性内容，并由此获得图 9 - 19 的块定义图中表示的域模型。

表 9 - 12 分配给机器人系统软件功能中的实体识别

F1	手柄操作界面
F2	管理订单
F3	协调产品操作
F4	管理产品堆栈
F5.1	获取无碰撞轨迹
F5.2	执行和控制可中断轨迹
F5.3.2	探测障碍物
F6.1	获得抓取轨迹
F6.2	执行不间断轨迹
F6.3.1	控制掌握
F7	传送产品
F8	管理错误

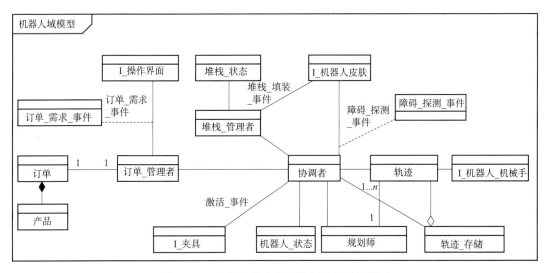

图 9 - 19 协作机器人应用控制软件的域模型

这里有两点重要的说明：

1) 物理架构的早期设计决策中不包括机器人自动定位和抓取产品的视觉系统。因此，控制子系统需要通过用户界面接收有关堆栈位置和几何形状的离线信息，该信息由操作员在 F9 校准期间获得。

2) 应用 SF _ Heu _ 3 以避免不确定性行为的产生导致机器人运动的在线规划，这将导致不确定性轨迹。为此，离线获得的轨迹数据库可用于生成 F5.1 和 F6.1 中的运动。

在 PPOOA 方法中，除了块定义图之外，还使用 CRC 卡来定义每个域模型类的职责（第 4 章表 4 - 3）。表 9 - 13 显示了协作机器人应用程序域模型中标识的类的 CRC 卡示例。

表 9 - 13　机器人应用程序域模型中某些类的 CRC 卡示例

类名	I_操作_界面
职责	F1 手柄操作界面 允许操作员请求下一个订单。订单由产品类型列表和每种类型的数量组成
协作	订单_管理者，订单_需求_事件
类名	订单_管理者
职责	F2 管理订单
协作	协调者，I_操作_界面，订单_需求_事件，订单
类名	堆栈_管理者
职责	F4 管理产品堆栈
协作	订单_需求_事件，订单，协调者
类名	协调者
职责	F3 协调产品操作 该组件通过执行拾取和放置操作(包括对运动执行的控制)来协调系统的操作以处理订单 F5.1 获取无碰撞轨迹 F6.2.2 控制可中断轨迹 F5:检索产品 F6.3.1 控制掌握 F6.2.1 控制不间断轨迹
协作	订单_管理者 堆栈_管理者 I_机器人_皮肤 机器人_状态 I_夹具 规划师
类名	I_机器人_皮肤
职责	此类处理与皮肤的皮肤硬件配置的通信(距离传感器的阈值、LED 反馈)
协作	F5.3.2 探测障碍物 F1.2 按下单元格"就绪" 协调者 堆栈管理者
类名	I_机器人_机械手
职责	处理与机器人操纵器之间的通讯以执行轨迹
协作	F5.2.2 执行可中断轨迹 F6.2.2 执行可中断轨迹 轨迹

9.4.1　软件组件

在获得了域模型（见图 9 - 19）之后，就可以识别机器人域模型中每个类的组件了。

使用图 9-20 中的 PPOOA 架构图对识别的软件组件及其交互进行建模：同步用虚线箭头表示；异步由交互组件之间的协调机制表示。

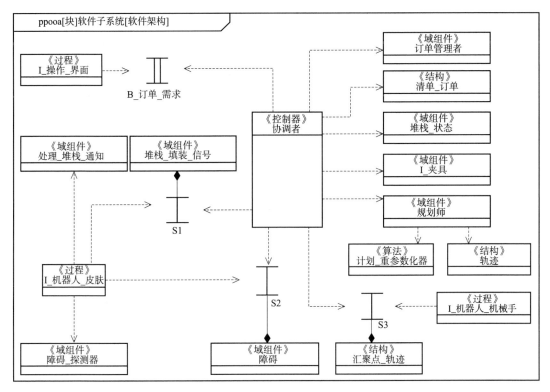

图 9-20　软件架构的结构视图（包括主要软件组件和协调机制）

9.4.2　简便的活动流

图 9-20 中软件架构的结构视图需要用行为视图来作为补充。在 PPOOA 之后，机器人系统中的 CFA 被建模为活动图，其中包括对软件组件的活动分配，如图 9-21、图 9-22 和图 9-23 所示。图 9-16 中分配给控件的活动被进一步分解并分配给不同的软件组件。在图 9-23 中，协调器组件负责协调整个控制流（不同活动之间的转换），为清晰起见，在此级别的建模中省略了与协调相对应的低级操作。

9.4.3　安全启发式方法

接下来我们介绍安全启发式的应用，如 PPOOA 架构图（图 9-20）和 CFA（图 9-21、图 9-22 和图 9-23）中的建模，该应用将证明为软件架构做出的一些设计决策是合理的。

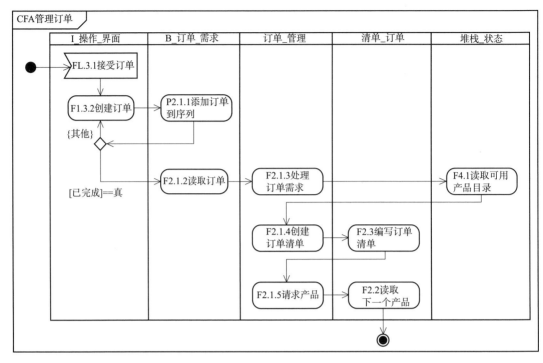

图 9 - 21　CFA 管理订单的活动图

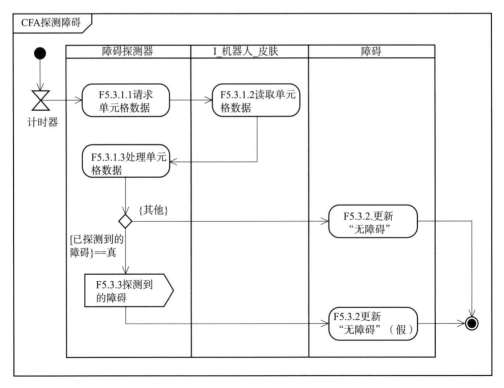

图 9 - 22　检测到 CFA 障碍物的活动图

（1）SF_Heu_2 组件和交互数量的最小化

这种启发式方法已应用于迭代中，以细化机器人软件 PPOOA 架构的软件组件，如图 9-20 所示，特别是"协调器"组件。控制处理订单操作顺序的状态机分为两个，一个负责将订单处理为要检索的产品列表，另一个负责协调操作顺序以检索每个产品。在 CFA 中为处理订单行为进行建模时（图 9-23），两个状态机可以合并以消除一个组件。

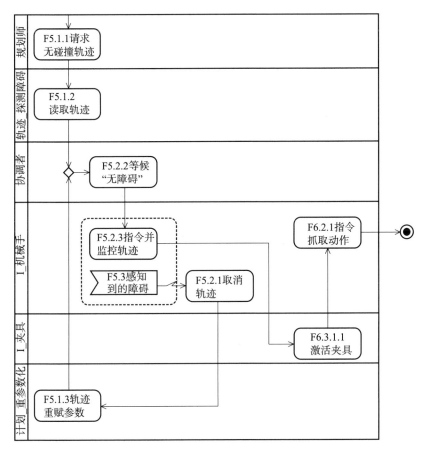

图 9-23　CFA 挑选产品的活动图

将负责执行机器人运动的功能 F5.2 和 F6.2 的状态机放在单独的过程组件中，这样该状态机可以在不同的应用程序中重用。在不同应用程序中，产品的处理方式将有所不同。分离控制机器人运动的过程是隔离有害行为的好方法。

（2）SF_Heu_3 避免不确定性行为

以下设计决策已经考虑了这种启发式方法。

1）功能设计：避免在线规划所引起的机器人运动轨迹的不确定。为此，将离线获得的轨迹数据库的解决方案用于生成检索产品的运动（组件轨迹_DB）。

2）中断区域仅在共享工作区运动期间而不是在抓取运动期间执行（图 9-23）。

3）用于与资源顺序、障碍物、轨迹和指令序列异步交互相对应的协调机制的信号量。

（3）SF_Heu_5 健全性检查

通过启发式方法，检查机器人的当前姿态是否与轨迹的初始姿态相对应，来执行轨迹（适用于协调器组件，协调器组件在指令"I_操纵器"执行之前验证这一点）。

（4）SF_Heu_11 实现报警功能

这种启发式方法被用来使用域组件来扩展软件架构，通过使用 I_Robot_Skin（未在所呈现的架构版本中显示）将皮肤 LED 设为红色闪烁模式，以提醒操作员检测到故障。该组件由协调器发出指令。

此外，Rosout 系统①将用于为系统开发人员和维护人员实现记录日志信息，以诊断和修复控制软件的子系统，这就产生了新的系统需求。

（5）SF_Heu_11 实现运行数据记录功能

附加的要求可以规定，日志数据将使用 Rosbag②记录和存储至少 2 年。

9.5　总结

本章讨论了 ISE & PPOOA 方法在协作机器人应用程序的功能、物理和软件架构设计中的应用。该示例展示了 ISE & PPOOA 流程如何支持复杂机器人应用的设计，尤其是其独特的启发式方法如何帮助解决这些系统中例如安全性等关键质量属性。

本章遵循第 4 章中介绍的 ISE & PPOOA 的逐步应用。首先，确定机器人操作的场景和需求，并指定机器人能力和最相关的质量属性。然后按照 ISE & PPOOA 综合方法获得功能架构，由系统的能力自上而下，在 N² 图表的帮助下对系统中的基本操作进行自下而上的分组。随后应用模块化启发式方法通过将系统功能迭代分配给机器人构块来获得物理架构，并通过 SysML 块定义图、内部框图和活动图来表示细化的架构。最后，使用 PPOOA 获得系统的软件架构，将软件组件连接到功能架构，并应用第 6 章中的其他启发式方法来改进解决方案。

---

① Rosout 是 ROS 中控制台日志上报机制的名称。它的日志消息是人类可读的字符串消息，传达节点的状态[9]。

② Rosbag 是一套用于记录和回放 ROS 消息的工具[10]。

参 考 文 献

［1］ Factory – in – a – day European Project，http：//www. factory – in – a – day. eu.

［2］ ISO/TS，15066：2016，"Robots and Robotic Devices – Collaborative Robots."

［3］ Mittendorfer，P.，E. Yoshida，and G. Cheng，"Realizing Whole – Body Tactile Interactions with a Self – Organizing，Multi – Modal Artificial Skin on a Humanoid Robot，" Advanced Robotics，Vol. 29，No. 1，2015，pp. 51 – 67.

［4］ Factory – in – a – day：final project video https：//youtu. be/DU – y0KH41HI.

［5］ Bharatheesha，M.，C. Hernandez，M. Wisse，N. Giftsun，and G. Dumonteil，"Dynamic Obstacle Avoidance for Collaborative Robot Applications，" in Workshop on IC3 – Industry of the Future：Collaborative，Connected，Cognitive，Novel Approaches Stemming from Factory of the Future and Industry 4.0 initiatives，IEEE International Conference on Robotics and Automation（ICRA），Singapore，May 2017，2017.

［5］ Robot Trajectory Messages in ROS，http：//wiki. ros. org/trajectory _ msgs.

［6］ ISO/IEC 9126 – 1：2001，Software Engineering – Product Quality – Part 1：Quality Model.

［7］ Firesmith，D. G.，"Engineering Safety Requirements，Safety Constraints，and Safety – Critical Requirements，" Journal of Object Technology，Vol. 3，No. 3，March – April 2004，pp. 27 – 42.

［8］ Chitta，S.，I. Sucan，and S. Cousins，"MoveIt!［ROS Topics］，" IEEE Robotics Automation Magazine，Vol. 19，No. 1，March 2012，pp. 18 – 19.

［9］ Rosout – ROS Wiki，http：//wiki. ros. org/rosout.

［10］ Rrosbag – ROS Wiki，http：//wiki. ros. org/rosbag.

第10章　应用示例：燃煤发电厂蒸汽产生过程的能效分析

能效分析可以应用于设备、过程、系统或完整的工业设施层面。本章介绍了能效分析及其在电厂中的应用。系统方法涉及背景环境的定义、系统功能的识别及其物理架构，结合物质和能量平衡方程，可用于评估工业设施或其中部分设备的效率程度，使分析水平适应于特定工业设施可用的过程数据、方程、图形、表格和其他相关性。在案例研究中，分析了燃煤发电厂中的一个 350 MW 蒸汽发电机组的应用情况。

10.1　引　言

能源效率现在被认为是一种能够提供能源和节约需求的能源评估值，这将减少煤炭、天然气、核能和可再生能源等其他能源同等发电量的使用。

据美国节能经济委员会（American Council for an Energy Efficient Economy，ACEEE）的数据，消费者通过实施节能来节省的能源，占其他解决方案（例如开发新一代资源）成本的三分之一。

传统的能效解决方案通常用于工业设施的设备级，但这种方法并不能保证工业设施的能效是独立优化各部分能效后的总和。

与传统的工厂工程方法相比，系统方法将工厂视为一个包含相互作用部分的整体，而这些部分又构成了一个应用系统工程的完整系统[1]。系统工程可应用的工业设施范围广泛，从新建发电厂[2]到现有工业设施或发电厂的能源效率，本章将介绍相关示例。

此外，欧盟委员会采用的最佳可用技术参考文件（BREF）建议通过系统方法来优化工业设施的能源效率，其中选择了一组相关部件进行分析，它可以是一个过程单元、一个子系统或一个过程[3]。

目前，煤炭是世界上最实惠、规模最大的能源之一，它被用来产生大量的电力（图 10-1 作为燃煤电厂的示例）。用燃煤进行发电会对环境产生多种影响，因此寻找更有效的燃烧方法成为一个关注的问题。

在燃煤电厂（图 10-2），水被转化为蒸汽驱动涡轮，涡轮轴上的磁铁在线圈内旋转以产生电力。在此总结了蒸汽发电的工作原理。煤在燃烧之前先将其粉碎，然后与热空气混合并吹入锅炉的燃烧室。随着燃烧过程中释放的热量，在锅炉中发生热交换，沿着锅炉向下的管子是蒸发器的一部分。通过这些管道，水以液态（这是水-蒸汽循环的给水）形式下降，随着燃烧释放，水转化为蒸汽。

这些蒸汽被过热到必要的压力和温度后送达涡轮机，在那里膨胀到冷凝压力。经冷凝的蒸汽通过泵返回锅炉（图 10-2）。冷凝水通过汽轮机抽汽进行加热，在返回供给到锅炉之前获得温度。汽轮机中膨胀蒸汽的冷凝是通过将汽化潜热传递到冷阱来实现的，冷阱通常是来自冷却塔、河流或湖泊的大量水流。

图 10 - 1　燃煤电厂

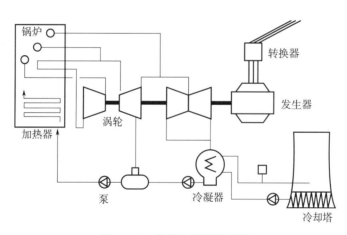

图 10 - 2　燃煤电厂的示意图

因此，可以通过分析系统（电厂）的功能、接口和性能来解决能源效率的问题。系统方法允许工程师使用热力学定律和流体力学方程，确定进行能源效率分析的设施环境或边界，以及必须选择的计算或模拟方法，以数值方式确定能量损失、可逆性、效率和其他感兴趣的参数。

现有出版物中已经发布了各种计算和模拟方法的示例。下面总结一些应用于燃煤电厂的方法。

在某些情况下，燃煤电厂的能效计算模型采用间接法，需要计算锅炉内的损失，其中考虑的主要因素之一是煤质和类型的变化[4]。使用基于计算机工具的模拟模型时，需考虑燃烧及锅炉元件中的热传递、物质与能量平衡以及蒸汽循环的热力学原理[5]。

使用线性规划算法时，需考虑涡轮的流量和提取以及燃料消耗等控制变量[6]。

另一种方法，是根据所考虑的物理过程的主要功能构建，并使用 Modelica 创建一个软件库[7]，其中包含在静态和动态操作模式下具有二氧化碳捕获功能的复杂热电厂模型。

上述近似方法主要使用焓平衡来计算效率，但在其他方法中使用能量平衡，这可以根据可用功的最小损失来确定最有效的途径。使用 Aspen Plus 计算机工具，工程师可以根据热力学第二定律对热电厂进行分析，然后再考虑能源的质量和数量。减少不可逆的用火损失是热电厂保存能量的最佳方式[8]。

在这里我们使用第 4 章中介绍的 ISE & PPOOA/能量 MBSE 方法。该方法将系统工程模型与物质和能量平衡相结合，允许在对燃煤电厂的适当抽象级别上进行能源效率计算，这在其他方法中没有得到很好的描述。换言之，在工厂或设施的水平上将物质和能量平衡做出分解，其中可用的方程和相关性允许对变量进行计算。

10.2　蒸汽产生过程的功能架构

下面的图（图 10 - 3、图 10 - 4、图 10 - 5 和图 10 - 6）阐述了将第 4 章 ISE & PPOOA/能源系统工程方法的步骤 2 应用于燃煤电厂蒸汽发生过程的案例研究成果，选择该电厂中的 350 MW 机组之一作为示例。

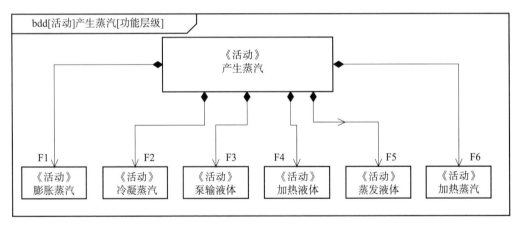

图 10 - 3　产生蒸汽的功能层级

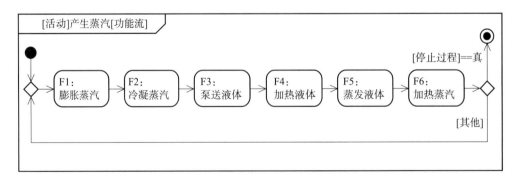

图 10 - 4　产生蒸汽的功能流

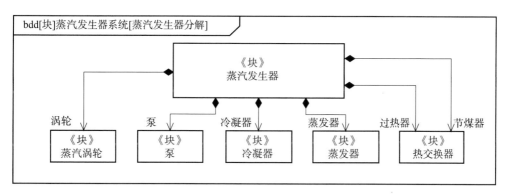

图 10 - 5　蒸汽发生器的故障

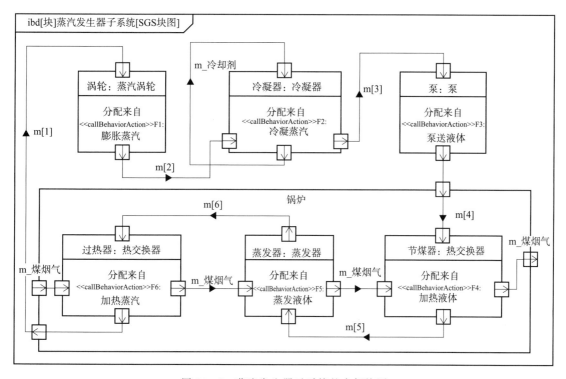

图 10 - 6　蒸汽发生器子系统的内部块图

在此，我们首先识别蒸汽生成过程的顶层功能，其识别过程遵循第 5 章中给出的建议，并依赖于我们之前在燃煤电厂工程方面的经验。

功能层级或功能分解结构是第 4 章中描述的 ISE & PPOOA/能源过程第 2 步的结果，它代表了系统的顶层功能。生成蒸汽过程的功能分解使用 SysML 块定义图表示的分层树如图 10 - 3 所示。

为简单起见，ISE & PPOOA 方法建议将功能流建模为简化的活动图，即简化的活动图仅显示活动/动作的流程，但不代表符号以及它们之间流动的质量或能量。蒸汽的端到端过程由一张 SysML 活动图表示，以显示蒸汽生成的功能流依赖关系（图 10 - 4）。这里的操作是连续的，一个功能输出的项目被下一个功能用作输入（表 10 - 1），即表示功能接口的 N² 图表。

对于功能接口或项目流，ISE & PPOOA 方法建议使用表格形式，N² 图表提供功能接口（功能之间流动的项目）的简明视图，第一个实体上方显示外部输入，对角线和右侧列中显示外部输出（表 10 - 1）。

表 10 - 1　功能接口

		任务		煤烟气	
F1:膨胀蒸汽	膨胀的液体				任务
	F2:冷凝蒸汽	冷凝的液体			加热
		F3:泵送液体	压缩的液体		
			F4:加热液体	饱和的液体	煤烟气
		煤烟气	F5:蒸发液体	饱和蒸汽	
过热的蒸汽				煤烟气	F6:加热蒸汽

10.3　蒸汽发生子系统的物理架构

图 10 - 5 通过块定义图，在 SysML 注释中表示蒸汽发生器子系统的组成部分。如有必要，这个图可以有更多层级的分解，但考虑到研究的目的，在这里没有必要这样做。整个蒸汽发生器与其以黑色菱形代表的部件之间有着紧密的联系。这些部件由具有多种作用的块表示，例如，热交换器可同时具有过热器或省煤器的作用（图 10 - 6）。这是用内部块图表示时需注意的一个重要问题。

图 10 - 6 显示了蒸汽发生器各部分之间如何相互连接的水平视图，这是使用内部块图完成的，其中流端口和连接器使用 SysML 符号表示。一个流被指定为 m [1]，可以是块的输入或输出。烟气流经热交换器（过热器和省煤器）和蒸发器。制冷剂流显示在冷凝器中与 m [2] 流进行热交换，最后变成已经冷凝的 m [3]。

图 10 - 6 的块包括图 10 - 3 和图 10 - 4 中表示的活动或功能，它们被分配给蒸汽发生器的物理部分。这种功能分配是非常有用的信息，可以在必要时，将一个部件或设备替换为具有相同功能和接口的另一个部件或设备。

为了清楚地了解蒸汽发生器子系统的操作，我们为该子系统的每个部分提供了更深入的细节。

发电厂的蒸汽轮机从汽体流（蒸汽）中获得能量，并将其转化为有用功。当与发电机结合时，涡轮机产生的功用于发电（图 10 - 2）。涡轮机是一种旋转机械装置，它至少有一组被称为转子组件的运动部件，它是附有叶片的轴或鼓。

涡轮机排出的蒸汽中含有大量无法逸出的能量，会污染周围环境。但是可以通过冷凝蒸汽来回收部分能量。因此，需要将冷凝器安装在涡轮机之后，其作用是将涡轮机排气口处的饱和蒸汽转化为水供锅炉再利用，并再次转化为蒸汽。主要的能量损失通过其冷却水系统发生在冷凝器中，但需要将蒸汽转化为水以提高循环效率。与将蒸汽用泵送回冷凝器相比，用泵送水（后工序）需要的能量更少。

将锅炉视为一个封闭容器，水在其中被加热（来自燃料燃烧）转化为蒸汽，并将蒸发器和其他热交换器（包括省煤器和过热器）集中在一起。来自回路的给水回流到达省煤器，在那里液体达到饱和温度，然后在蒸发器中产生恒温恒压的蒸汽。随后在过热器中将所获得的饱和蒸汽的温度升高到涡轮机需要的条件。

蒸发器实际上是一个蒸发系统，它包含多个串联安装的不同类型的蒸发器。所有蒸发器基本上都是由金属材料制成的热交换器，具有足够的热传递以进行蒸发。

其他热交换器（省煤器和过热器）是浸入废汽流中的管状管束，通过对流和辐射与废汽进行热交换，配置取决于它在锅炉中的位置和废汽的温度。省煤器为水-汽式换热器，而过热器为汽-气式（内循环蒸汽与外循环气体），因此磨损较大。所有管道都有一个入口歧管，将所有稍后分配的流量集中在一起，并将另一个流量集中到出口。它们是裸管（没有挡板），以获得宽的通道。

10.4　物质和能量平衡的方程和相关性

在此将带有约束块的块定义图称为约束图，该图显示变量和感兴趣的块或部件的值属性之间的关系或方程，由它们构成了蒸汽生成的子系统。

为模拟该蒸汽发生子系统的行为，并定义子系统中涉及的不同块之间的关系和方程，已经考虑了 Rankine 循环。它是一种理想循环，以非常近似的方式表示蒸汽发电厂的真实循环，并且不涉及任何内部不可逆性（考虑了等熵过程）。与 Rankine 循环相关的所有模块或组件（锅炉、涡轮机、冷凝器和泵）都是稳流装置，因此所有过程都可以通过热力学第一定律或能量守恒定律进行分析，适用于热力学系统

$$(q_{in} - q_{out}) + (w_{in} - w_{out}) = he \tag{10-1}$$

图 10-7 表示三个物理设备块：省煤器、蒸发器和过热器。由于没有约束这些设备块的方程，因此无法解决能量平衡问题。将这三个元素聚集到一个称为锅炉的逻辑块中以方便识别所需的质量和能量平衡。

锅炉逻辑块已按照 ISE & PPOOA/能量方法（第 4 章）中步骤 5 的指导原则创建，具有零自由度并能使用平衡方程解决问题。方程 10-2 约束了一个称为锅炉的块（图 10-8）。在这个块中，水作为压缩液体进入并作为过热蒸汽离开。锅炉是一个大型热交换器，热量以恒定压力（$W=0$）传递到水中。

$$q = m[1] \times (h[1] - h[4]) \tag{10-2}$$

式中，q 是锅炉或包含省煤器、蒸发器和过热器的逻辑块提供的热量，$m[1]$ 是流经这三个块的流量（图 10-6），$h[1]$ 是锅炉输出的焓，即过热器出口输出的过热蒸汽的焓，$h[4]$ 是锅炉的输入焓或省煤器入口输入的焓。

水作为饱和液体进入泵，并被等熵压缩至锅炉所需的工作压力。在此等熵压缩过程

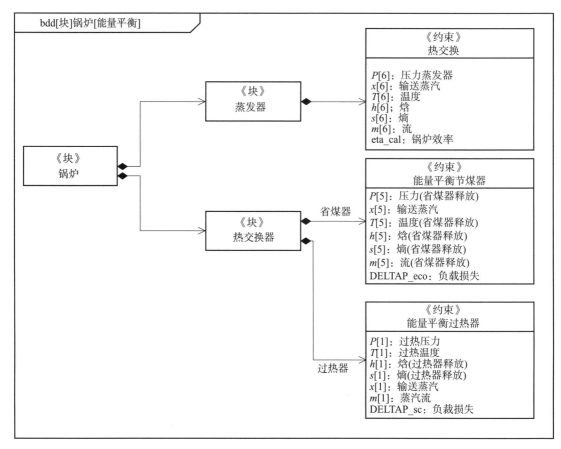

图 10-7   锅炉能量平衡的约束图

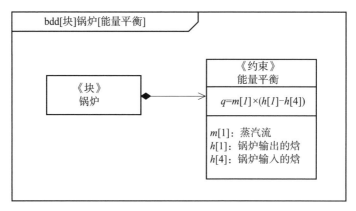

图 10-8   改进后的锅炉能量平衡的约束图

中，由于水的比热容略有下降，水温会升高。

控制泵行为的方程是泵的功率（$Q=0$）

$$Powp\_4 = m[1] \times w_{p4} = m[1] \times \{h[4] - h[3]\} \tag{10-3}$$

式中，新变量 $h[4]$ 为泵出口处流体的焓。

图 10-9 是汽轮机的约束图。在这种情况下，过热蒸汽进入汽轮机，在汽轮机中等熵膨胀并通过旋转连接到发电机的轴来做功。在此过程中蒸汽的温度和压力下降。在方程10-4 中，它反映了如何获得汽轮机功率，同时考虑等熵膨胀（$Q=0$）

$$Pow\_tb = m[1] \times w_{tb} = m[1] \times (h[1] - h[2]) \qquad (10-4)$$

式中，h [2] 是涡轮机出口处流体的焓。需要注意的是，方程 10-3 和 10-4 的焓是通过插值获得，并且取决于模拟执行中参数化的变量。

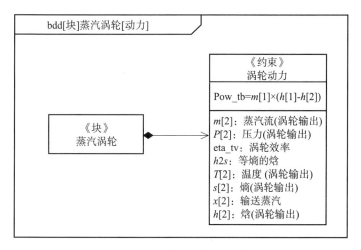

图 10-9　汽轮机功率的约束图

图 10-10 是冷凝器的约束图。在这个块中，蒸汽是一种高能量的饱和液汽混合物，在冷凝器中以恒定压力冷凝。冷凝器是一个大型热交换器，通过将热量释放到冷却水中以完成热交换。蒸汽作为饱和液体离开冷凝器后进入泵，从而完成循环。该块中的能量平衡反映在方程 10-5 中

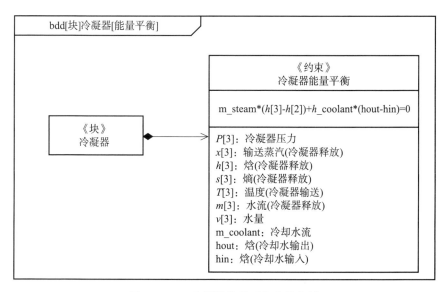

图 10-10　冷凝器能量平衡的约束图

$$m\_steam \times \{h[3] - h[2]\} + m\_coolant \times (hout - hin) = 0 \qquad (10-5)$$

式中，m_steam 是到达冷凝器的蒸汽流量，与图 10-6 中所示的 $m[2]$ 一致。hin 和 $hout$ 对应于入口和出口处冷却水的焓，其流量为 $m\_coolant$。

10.5　成果

工程方程求解器（Engineeing Equation Solver，EES）工具被用来模拟蒸汽循环中的不同情况。该工具还可用于求解非线性方程组，并为求解热力学方程提供许多有用的函数。此外，它还存储了有助于工作并避免使用蒸汽表或热力学图的一些热力学属性。

为了执行该计算工具，需要用到燃煤电厂的一些基础数据。在此选择西班牙西北部燃煤电厂的公开数据。一旦获得给定条件的结果并观察到模型是连贯的和可行的，就可以分析哪些参数将影响工厂循环的性能。根据获得的结果而选择了三个参数，考量如何在实践中实施这些参数以及它们是否具有经济价值。

选择的第一个参数是图 10-7 中的过热温度 Tosh 或 T[1]，热力学已证明当热源达到要求的温度时蒸汽循环效率将增加。研究的循环允许在达到 538 ℃ 的过热温度下工作，可获得 38.81 ％ 的热效率。如果可以提高该温度，则可以提高性能。然而所用设备材料的热应力条件决定了温度的上限。

选择的第二个参数是图 10-7 中的过热压力 Psh 或 P[1]。过热蒸汽压的增加已证实将导致循环效率的增加。研究的循环允许在达到 162 bar 的过热压力下工作，可获得 38.81 ％ 的热效率。如果可以增加该压力，则可以提高性能，但必须考虑所用材料的应力条件。当蒸汽以高速循环通过几个过热器管束时，压降很大。在 175 bar 压力下，对于 1 000 Tg/h 数量级的流量，压降典型值为 10～12 bar。因此实施这种改进是不值得的。

选择的第三个参数是图 10-10 中的冷凝压力 Pcond 或 P[3]。此时，冷凝器的工作压力为 0.067 bar。使用图 10-11 所示的冷凝器特性曲线，可知给定负载下最有效的冷凝压力。所选工厂的水汽循环冷却水在进入冷凝器时的温度为 18 ℃。若负载大约为 350 MW，则冷凝压力可以降低到大约 0.058 bar。由此可知引入这个新值将获得更高的循环热效率。

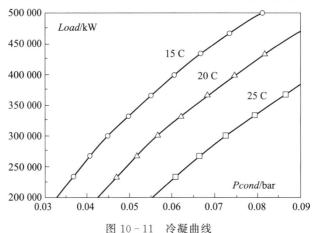

图 10-11　冷凝曲线

因此，将上述改进付诸实践可能是一个不错的选择，只需对工厂操作的各个方面采取改进而无需对设备进行改进或更换，而后者在经济上不合算。

10.6　总结

工业设施的能源效率可以通过运营变更、设备升级或更换来提高。显然，当必须考虑经济和环境因素时，单纯的技术方案是不够的。

本章所示的系统方法涉及集成在称为 ISE & PPOOA/能源的单个工程过程中的多项活动，例如定义效率分析的背景、拟分析系统的建模、以及在适当抽象层次上解决物质和能量平衡方程。

这种方法允许对替代方案进行研究，包括操作参数调整和设备更换，以实现更高效，但功能与工业设施其他元件的接口等效，这反映在基于模型的系统工程应用程序所获得的内部块定义图中。

10.7　问题和练习

1）ISE & PPOOA/能量系统的零自由度是什么意思？
2）工厂单元和系统有什么区别？
3）SysML 约束块代表什么？
4）确定巴氏牛奶杀菌过程的顶级功能。
5）创建巴氏牛奶杀菌过程的功能流图。
6）创建巴氏牛奶杀菌功能接口的 N^2 图。

参 考 文 献

［1］ Vanek，F. M.，L. D. Albright，and L. T. Angenent，Energy Systems Engineering：Evaluation and Implementation，Second Edition，New York：McGraw - Hill，2012.

［2］ Navas，J. et al.，"Bridging the Gap between Model - Based Systems Engineering Methodologies and Their Effective Practice：A Case Study on Nuclear Power Plants Systems Engineering," INCOSE Insight，Vol. 21 No. 1，March 2018.

［3］ European Commission，Reference Document on Best Available Techniques for Energy Efficiency，European IPPC Bureau，2009.

［4］ Shi，Y. et al.，"On - Line Calculation Model for Thermal Efficiency of Coal - Fired Utility Boiler Based on Heating Value Identification," Proc. of 2011 International Conference on Modeling，Identification，and Control，Shanghai，China，2011，pp. 203 - 207.

［5］ Sanpasetparnich，T.，and A. Aroonwilas，" Simulation and Optimization of Coal - Fired Power Plants," Energy Procedia，2009，pp. 3851 - 3858，doi：10. 1016/j. egypro. 2009. 02. 187.

［6］ Tzolakis，G.，et al.，"Simulation of a Coal - Fired Power Plant Using Mathematical Programming Algorithms in Order to Optimize Its Efficiency," Applied Thermal Engineering，Vol. 48，2012，pp. 256 - 267，doi：10. 1016/j. applthermaleng. 2012. 04. 51.

［7］ Bronnemann，J.，et al.，"Status of ClaRaCCS：Modelling and Simulation of Coal - Fired Power Plants with CO2 Capture," Proc. of the 9th International Modelica Conference，Munich，Germany，2012，pp. 609 - 618，doi：10. 3384/ecp 12076609.

［8］ Hou，D.，et al.，"Exergy Analysis of a Thermal Power Plant Using Modeling Approach," Clean Technical Environmental Policy，Vol. 14，2012，pp. 805 - 813，doi：10. 1007/S10098 - 011 - 0447 - 0.

第 11 章 权衡分析

权衡分析是系统工程师探索解决方案的一个复杂而有趣的方法或手段，它是对 ISE & PPOOA 方法所提出的启发式方法的一种补充。

11.1 权衡与架构的决策过程

权衡分析是决策处理中更为通用的一种手段，它是第 2 章中描述的主要系统工程任务中的一部分。INCOSE 手册[1]将决策管理定义为一个过程，其目的符合 ISO/IEC/IEEE15288 定义的"提供一个结构化的分析框架，用于客观地识别、表征和评估生命周期中任何决策的一组替代方案，并选择其中最有益的处理方案"[2]。

ISO 对目标的定义明确指出，决策过程可以应用于系统项目或程序的全生命周期的任何阶段，特别是考虑到权衡研究和系统开发，Parnell 确定了系统开发中要考虑的三个主要权衡空间：概念权衡空间、构架权衡空间和设计权衡空间[3]。

对替代方案进行评估的方法多种多样。为了简洁起见，我们在表 11 - 1 中总结了 Parnell 著作中[3]第 8 章里 Kenley、Whitcomb 和 Parnell 提出的一些技术。这里作为构架权衡研究的一部分，我们将解释如何应用权衡分析作为一种方法，用于制定第 4 章中所描述的 ISE & PPOOA 过程"优化架构"步骤涉及对物理性架构的决策。正如我们曾提到的，该方法可以用于优选的物理架构以便进行性能和其他选定标准的优化。

ISE & PPOOA 过程的"改进架构"步骤，用于细化改进从功能分配中获得的模块化架构，在满足特定系统的指定非功能性需求基础上选择最合适的启发式设计（第 6 章）。在这种情况下权衡分析是一种补充手段，用于为实现一个或多个关键系统功能的模块或子系统确定可用的解决方案。启发式和权衡分析的应用结果便是细化改进架构（图 11 - 1）。虽然这个过程看起来是按顺序进行的，但它也可以是迭代进行的。

非功能性需求，特别是那些与组件性能相关的需求，是定义权衡标准的来源，可用于在使用不同技术执行相同功能的候选方案之间进行选择。

非功能性需求也可从启发式解决方案的集合中（第 6 章），识别出哪些方案可用于我们的兴趣体系。

表 11 - 1 替代技术的评估*

技术	简介
决策理论	该技术使用源自目标和价值函数的价值度量,也可以解释不确定性(第 11.2 和 11.3 节)

续表

技术	简介
普格法	此技术将替代属性比较为更好（＋）、相同（S）或更差（－），这种技术的弱点是它忽略了性能测量的相对重要性
实验设计(DoE)	该技术使用统计数据开发模型来预测因子水平组合的响应
质量功能部署(QFD)	这种技术，也称为质量矩阵之家，提供了一种从客户需求跟踪开发方面的方法
层次分析法(AHP)	该技术明确地捕获利益相关者的需求，并通过成对比较确定属性的相对重要性（第11.3节）

注：＊ 摘自文献[3]。

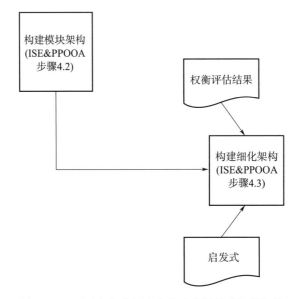

图 11-1　通过权衡分析和启发式应用构建细化架构

11.2　权衡评估的标准和效用功能

Parnell 建议建立一个价值层次架构来表示权衡评估的标准。这个价值层次至少有三个方面：决策目的、定义价值的标准，以及对用以评估潜在价值的标准的衡量[3]。

在分配用于模块架构的构建元素的系统功能中，权衡树表示的标准可能是每个被分配功能的性能目标，以及用于评估潜在价值的标准度量。在图 11-2 中，我们表示了一个通用权衡树，其中包含功能性标准、成本标准和其他标准，例如与可靠性、可维护性相关的标准。

效用或价值函数用于为不同的标准建立一致的尺度。效用或价值函数表示每个选择标准的度量（x 轴）和公共尺度（y 轴）之间的关系。

对于权衡研究，有必要将选定的评估标准和与其相关的效用或价值函数表示为系统模型的一部分，效用函数可以是离散或连续的。如图 11-3 所示，它们遵循三种基本形状：线性、曲线和 S 形曲线。

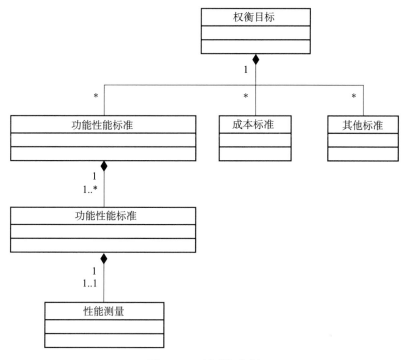

图 11 - 2　泛型权衡树

　　当为特定标准创建递增效用函数时，系统工程师会确定利益相关者是否相信其最小值度量可以被接受，并将其映射到评分量表（y 轴）上的 0 值。若超过该指标，替代方案无法提供额外值，则映射到评分量表（y 轴）上的最高值。在处理曲线形状时，选择适当的拐点来绘制可能是凸面或凹面的曲线是非常重要的[3]。

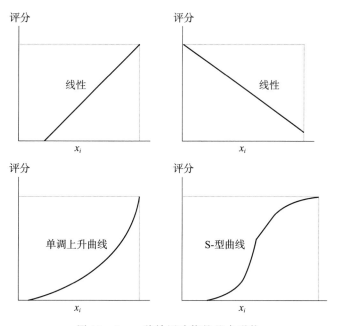

图 11 - 3　一种效用功能的基本形状

11.3 用于 ISE & PPOOA 过程的权衡方法

基于文献中发现的各种权衡分析方法[4-6]，我们在此提出了一种权衡分析方法，该过程可以集成为 ISE & PPOOA 架构过程的一部分，使用其输出并产生第 4 章中介绍的 ISE & PPOOA 架构的输入过程。经典的方法（如 NASA 和 Cross）不使用 SysML 系统模型，但最近常用的方法（如 IBM[6]）是使用 SysML 符号和图表。ISE & PPOOA 方法建议的子权衡过程的步骤总结如下：

1）识别在权衡研究中使用的系统模块。从 ISE & PPOOA 过程的步骤 4.2 中获得的模块化架构中，选择哪些模块（即用于集群内聚功能的逻辑构建元素）可以使用下一步中确定的替代技术解决方案来实施。

2）确定可靠的替代方案来实施正在考虑中的系统的逻辑构建单元或模块。考虑到需要满足的要求，可能会减少在头脑风暴期间选择的一系列技术替代方案。根据成本或技术准备情况，可能会取消某些替代方案，其余的替代方案应详细描述以供评估。

3）定义评估技术解决方案的目标和标准。与利益相关者的需求有关的目标被转化为一组性能、成本和其他标准用于权衡研究。构建权衡树（图 11 - 2）并与利益相关者进行讨论。

4）为标准分配相对应的权重。使用成对比较法或层次分析法[4]并在同一水平上建立标准的相对权重，使所有权重总和为 1.0。

5）为每个标准生成对应的效用函数。可以使用带有约束属性模块的 SysML 参数图来表示每个标准赋分的实用函数。

6）评估每个备选方案。根据所应用的效用函数分值，评估给定标准的每个备选方案的性能。评估由参数图表示的效用函数来执行，并使用从测试数据、供应商提供的数据、工程实践或其他来源获得的每个备选方案的属性值。

7）显示权衡研究结果。通常将提供标准及替代方案的汇总表（表 11 - 2），以总结前面步骤的结果。

表 11 - 2 权衡分析研究总结表

标准		备选方案							
标准	权重	方案 1		方案 2		方案…		方案 n	
		评分	权重评分	评分	权重评分	评分	权重评分	评分	权重评分
标准 1									
标准 2									
…									
标准 n									
总计									

11.4　总　结

本章将使用 ISE & PPOOA 的 MBSE 方法进行建模的权衡分析方法作为系统架构中的一种补充技术，对其进行了介绍，建议在评估系统、子系统或组件级别的技术备选方案时考虑使用它。

参 考 文 献

［1］ Walden，D. D.，et al.，Systems Engineering Handbook – A Guide for System Life Cycle Processes and Activities，INCOSE – TP – 2003 – 02 – 04，Hoboken，NJ：John Wiley & Sons，2015.

［2］ ISO，ISO/IEC/IEEE 15288：2015，Systems and Software Engineering – System Life Cycle Processes，Geneva：International Standards Organization，2015.

［3］ Parnell，G. S.（ed.），Trade – off Analytics：Creating and Exploring the System Tradespace，Hoboken，NJ：John Wiley & Sons，2017.

［4］ Goldberg，B. E.，et al.，System Engineering Toolbox for Design – Oriented Engineers，Alabama NASA Marshall Space Flight Center，NASA Reference Publication 1358，December 1994.

［5］ Cross，N.，Engineering Design Methods：Strategies for Product Design，Hoboken，NJ：John Wiley & Sons，2000.

［6］ Bleakley，G.，A. Lapping，and A. Whitfield，"6. 6. 2 Determining the Right Solution Using SysML and Model Based Systems Engineering（MBSE）for Trade Studies，" INCOSE International Symposium，Vol. 21，2011，pp. 783 – 795.

第 12 章　其他感兴趣的主题与后续步骤

本章介绍了 MBSE 从业者可能感兴趣的其他主题，由于范围和篇幅的原因，这里对它们进行了简要介绍。敏捷开发正在不断发展，并且具有巨大的软件开发市场潜力。本章介绍 ISE & PPOOA 方法在敏捷项目中集成和使用的情况。此外，架构评估，特别是模型检查仍然是一个值得阐述的研究课题。本章的最后一节，向读者推荐了应用 ISE & PPOOA 流程在其组织中使用 MBSE 的后续建议。

12.1　敏捷开发

本节的主要目的是展示系统工程，特别是 MBSE 如何更加敏捷，以及 ISE & PPOOA MBSE 方法如何实现产品开发的敏捷性。因此，本节将简要介绍敏捷性原则、敏捷性如何扩展到大型或复杂产品，以及 ISE & PPOOA 方法如何支持敏捷性。最后，我们将提供扩展系统和软件开发敏捷方法的参考文献。

12.1.1　敏捷方法的原则及对其的误解

我们称之为开发的进化法（第 2 章）是后来所谓的敏捷方法的基础。迭代和增量的开发方法可以追溯到 20 世纪 60 年代，到了 20 世纪 90 年代，业内发明了快速应用程序开发（RAD）、Scrum、极限编程（XP）或功能驱动开发（FDD）等方法，其中大部分方法后来被称之为敏捷方法。

敏捷软件开发的一个主要里程碑是敏捷宣言[1]的发布，该宣言是由 17 位软件开发人员，于 2001 年在犹他州雪鸟的一个度假胜地会面时共同撰写的。敏捷宣言背后的原则总结如下。

1）尽早并持续交付有价值的软件以满足客户。

2）接纳并欢迎更改要求。

3）经常交付工作软件。

4）业务人员和开发人员必须每天一起工作。

5）围绕积极进取的个人建立项目。

6）面对面交谈是向开发团队和在开发团队内部传达信息的最有效和有执行力的方法。

7）进度的主要衡量标准是可运行的软件。

8）投资者、开发者和用户应该能够保持恒定的步伐，无限期地促进可持续发展。

9）对卓越技术和良好设计的持续关注可提高敏捷性。

10）简化或最大化未完成的工作负载至关重要。

11）自我组织团队对于最佳架构、需求和设计的产生是必须的。

12）团队人员定期调整并调整其行动以提高效率。

在某些情况下，由于对上述原则的误解或应用不当，出现了一些关于敏捷性的错误认识。Carlson[2]描述并揭示了一些最常见的误解。

1）敏捷开发是无纪律且不可衡量的。敏捷不是瀑布式的，而是涉及应用短迭代的严格方法和量度。

2）敏捷开发没有项目管理。这是一个或多或少存在的真实问题，但事实上还有其他与项目经理职责类似的角色。

3）敏捷方法仅适用于软件开发。敏捷方法在航空航天、汽车和其他领域的一些工业应用经验，就可以推翻这一说法。

4）敏捷开发没有文档。一些工业敏捷项目，主要是那些与可认证产品相关的项目，提供所需的文档；这些文档遵循与所有其他交付物相同的交付模式，例如，软件和硬件项目。

5）需求在敏捷开发中不是必要的。敏捷开发中使用的特性和背景是真实的需求。

6）敏捷方法只适用于小型团队。下一节中总结的规模化敏捷方法推翻了这种误解。

7）敏捷方法不需要制定计划。这是不正确的，敏捷方法包括对不同迭代的增量计划。

8）敏捷开发不具有扩展性。下一节中描述的一些规模化敏捷方法可以推翻这种误解。

12.1.2　敏捷方法的可扩展性

可扩展性，是敏捷方法应用于大型或复杂项目时的主要关注点之一。当前可扩展的敏捷框架融合了敏捷和精益实践来满足行业需求。在此，我们将描述行业使用的一些可扩展的敏捷方法。本节和下一节的主要目的是让读者相信，将敏捷方法应用于开发结合硬件、软件和固件的复杂产品的项目或程序时的可行性。

为简洁起见，我们在这里选择了三种说明性的可扩展敏捷方法来进行描述。对于其中的每一个我们都描述了它的范围和过程，其他可扩展的敏捷框架的研究也在此进行比较与参考[3]。

12.1.2.1　Scrum@Scale 方法

Scrum 是最流行的敏捷框架之一，用于由单个团队开发和交付的软件产品。它旨在通过协调所涉及的不同团队来实现可扩展性，通过其无标度架构来实现这一目标。

正如 Sutherland 所定义："Scrum@Scale 是一个扩展 Scrum 的框架，它通过使用 Scrum 来扩展 Scrum，从根本上简化了标度。它仅由通过 ScrumofScrums 和 MetaScrums 协调的 Scrum 团队组成"[4]。

使用 Scrum@Scale 交付的产品可能是硬件、软件、复杂的集成系统、服务、流程等。

Scrum 概念，诸如 backlog 和 sprint[5]之类仍在使用中的有。

1）产品待办列表：该待办列表是产品开发所需所有内容的有序列表，并且是任何产品变更需求的单一来源。

2）Sprint：敏捷项目的一次迭代，代表一个月或更短的时间。在此期间，产品的增量被创建，并可以进行使用和潜在部署。

3）Sprint 待办事项：该待办事项包含为 sprint 选择产品的待办项目，以及交付产品增量和实现 sprint 目标的计划。

Scrum@Scale 提出了两个循环，如图 12-1 所示：Scrum 主循环和产品负责人循环。第一个处理如何做，第二个处理做什么。这两个循环在两个点上同步，并共同产生一个框架，沿着单一路径协调多个团队的工作[4]。

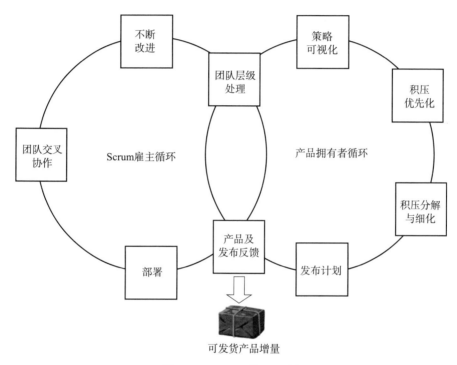

图 12-1 Scrum@Scale 图

12.1.2.2 规范的敏捷交付

正如 Ambler 所解释的那样，纪律严明的敏捷交付（DAD）是一种敏捷流程框架，它涵盖了从项目启动到构建、到解决方案发布、到生产点的整个解决方案的生命周期[6]。

DAD 框架采纳了来自其他方法实践的经验，例如来自 Scrum 的 backlog；XP 的持续集成、重构、测试驱动开发和集体所有权；在统一过程（UP）的早期迭代中提供架构的重要性；限制正在进行的工作并从 Kanban 中将工作可视化。

DAD 解决软件、硬件、文档、业务流程和组织结构问题[6]。

DAD 项目的生命周期如图 12-2 所示。正如 Ambler 所描述的，这个生命周期具有三个不同的方面：

1）延长施工阶段的交付生命周期；

2）具有明确的阶段，即启动、构建和过渡；

3）还考虑了背景、项目前和项目后活动。

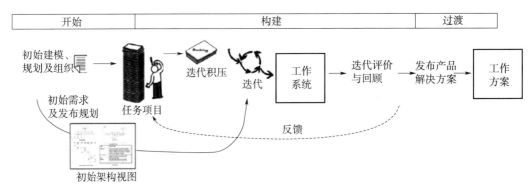

图 12 - 2　基本 DAD 生命循环

12.1.2.3　规模化敏捷框架

规模化敏捷框架（SAFe）是一种可为大量团队同步更新、协作和交付的敏捷框架。它支持软件和系统开发，从 100 人以下的项目到庞大的软件解决方案，以及复杂的网络物理系统，这些系统需要数千人来创建和维护。

SAFe 结合了三个知识体系：敏捷开发、精益产品开发和系统思维。

SAFe 支持四种配置：基本 SAFe、大型解决方案 SAFe、投资组合 SAFe 和完整 SAFe[7]。为了简洁起见，我们这里将描述基本的 SAFe。四种配置的完整描述可以在 SAFe 参考指南版本 4.5[7]中找到。

基本的 SAFe 是实现 SAFe 框架的最简单起点。

SAFe 的核心是程序层级，它围绕一个称为敏捷发布训练（ART）的组织展开（图 12 - 3）。ART 包括将想法从概念转变为部署所需的所有角色。每个 ART 每两周提供一次有价值且经过测试的系统增量。ART 构建和维护可持续交付通道，以定期开发和发布较小的价值增量[7]。

图 12 - 3 是基本 SAFe 的简化表示，其中根据业务需求，在程序增量（PI）期间或结束时按需发布解决方案。PI 为计划、执行、检查和调整提供固定的时间框增量[7]。

12.1.3　ISE & PPOOA 流程和敏捷性

本节将回答两个重要问题：MBSE，尤其是 ISE & PPOOA 如何支持敏捷方法，以及 ISE & PPOOA 方法作为 MBSE 方法如何更加敏捷。

第一个问题很容易回答，考虑到常用的可扩展敏捷方法，如上文介绍过的 DAD 和 SAFe，要认识到将系统架构作为敏捷迭代前一步的重要性。

关于 DAD，读者可以在图 12 - 2 中看到系统架构是一个迭代输入，因为 DAD 侧重于在早期迭代中证明架构的重要性，从而在生命周期的早期降低所有类型的风险[6]。

SAFe 参考指南，版本 4.5（图 12 - 3）更明确地指出了系统架构师角色、MBSE 和模型的重要性，它们是在系统生命周期中尽可能早地探索系统元素的结构和行为、评估设计备选方案假设的一种方法。特别是那些有监管要求的产品，如商用飞机、汽车、火车和医疗器械等，是使用模型生成认证文件的最佳选择。在此，模型充当了一种单一的事实来源[7]。

ISE & PPOOA 作为 MBSE 方法如何更加敏捷的第二个问题，可以通过在第 4、5 和 7 章中描述的迭代和增量开发 ISE & PPOOA 模型来回答。

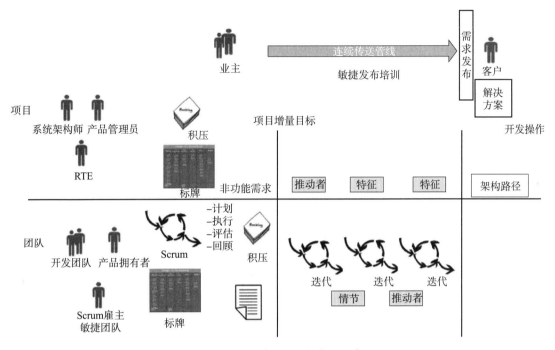

图 12 - 3　基本 SAFe 的主要元素

ISE & PPOOA 过程可以迭代地应用并以增量或构建方式交付，这里的增量是指使用感兴趣的系统功能架构，并将其划分为下一个增量中实现的响应系统功能的公共组件。也就是说，每个系统响应都被作为一个增量，其中包含参与具体响应的功能和物理性构块。这种方法也可以促进每个系统响应的端到端的测试。使用设计启发式方法，可实现适用于模块架构的选定构块的 NFR，以构建系统增量的细化架构。

B. P. Douglas 在协调性敏捷 MBSE 过程中描述了类似的方法，他建议对每个实例进行迭代，或者采用混合方法将少数开发的实例进行分组并一起移交[8]。

12.2　架构评估和模型检查

12.2.1　架构评估

验证和确认是在系统开发全生命周期中开展的，它的主要活动之一是系统架构的验证和确认，使用手动实践和自动实践的组合进行执行，这里主要参考以下文献总结而来。

首先，在描述架构评估的目标之前，重要的是要意识到我们所说的系统架构不仅是由应用 ISE & PPOOA 方法产生的结构和行为模型，而且还包括做出的设计决策。因此，当我们评估系统架构时，我们要评估模型和设计。正如 Friedenthal 所提到的，一个好的模型要满足其预期目的，一个设计的好坏取决于它满足要求的程度以及它结合质量设计原则的程度[9]。

Balci 等人[10]给出了模型验证、确认和测试的以下定义：

1）模型验证处理正确构建模型。也就是说，该模型以足够的精度从一种模型转换到另一种模型。

2）模型验证涉及构建准确的模型。也就是说，模型在其适用范围内，表现出与建模目标一致的令人满意的准确性。

3）模型测试，确定模型中是否存在不准确或错误。

Engel[11]提出了在评估系统架构时要考虑的三个主要目标：

1）系统架构、系统需求和接口需求的一致性；

2）在成本、时间和其他项目限制范围内的设计可行性；

3）满足产品现有标准、环保问题、认证和其他外部要求。

系统架构评估过程的范围如下：

1）验证系统架构是否包含对其适用的系统及其任务的完整标识；

2）所有引用的文件和信息来源均已确定；

3）系统架构模型图包含系统输入和输出，主要系统响应，以及对不正确输入的处理；

4）系统和子系统构块或组件及其关系已被建模；

5）验证系统架构中确定的每个系统构块与分配给它的系统要求之间的双向可追溯性；

6）验证质量属性需求如何在架构中实现，成为基于应用启发式的设计决策和模式。

12.2.2　架构评估的不同实践示例

本节指出了可应用于系统架构评估以满足上述评估范围的实践，一些是手动和人力密集型的，另一些是自动化的（图 12-4）。

审查是由不同的利益相关者参加的正式会议，这些利益相关者可能是系统架构师、开发人员、维护人员、集成人员、测试人员、性能工程师、安全专家、项目经理和其他相关方。审查的目的出于对参与者和利益相关者关注点的考量，专注于架构的特定方面。对于架构的审查，建议使用检查表和特定的审查流程。

评估标准的使用在软件开发中是众所周知的。需要基于一个已有的设计或工件实施衡量。关于软件评估的文献非常广泛[12-16]。以往的软件衡量用于编码工件。当面向对象范式出现时，新的评估标准被用来评估面向对象的软件架构的质量。第一作者将它们用于航空电子设备和空中交通管制系统。

一些软件工程评估方法也可用于系统工程模型。例如，我们从面向对象的设计中提出传入和传出耦合的两个度量（表 12-1）。

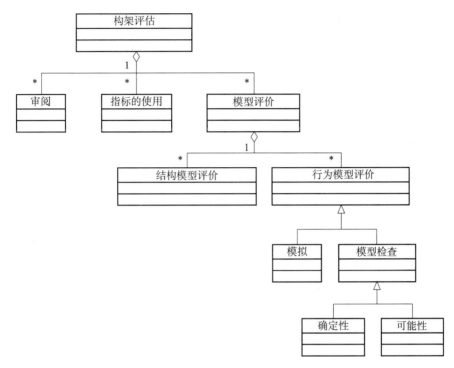

图 12 - 4 系统架构评估操作的一种框架

表 12 - 1 用于不稳定性的耦合度量示例

传入耦合（Ca）	
产品	模块 M
描述	有零件的模块的数量取决于模块 M
传出耦合（Ce）	
产品	模块 M
描述	有零件的模块数量取决于传出耦合
不稳定性	I＝Ce/(Ce＋Ca)

结合了审查和评估的协同操作的一个例子是架构权衡分析方法（ATAM）[17]。ATAM 的主要目标是评估架构的非功能性质量属性，例如那些与效率和可维护性相关的属性。如果所需的输入是可用的，则可以按照此过程评估其他非功能性质量属性。架构评估过程是一系列的活动，但它可以在多次迭代中执行，可能会选择不同的场景组进行验证。

活动 1：评估报告；

活动 2：对要评估的系统进行介绍；

活动 3：架构介绍；

活动 4：生成质量属性树，主要用于了解架构师如何获知和处理质量属性架构的驱动因素；

活动 5：头脑风暴并确定场景的优先级，该场景用于代表利益相关者的兴趣并理解质量属性的要求；

活动 6：评估场景；

活动 7：展示结果。

接下来描述与模型评估相关的第三项评估操作。

12.2.3　模型评估

与系统架构相关的主要交付物之一是，由 SysML 结构和行为图表示的系统架构模型，以及表达软件密集型子系统的结构和行为的 UML 图。

正如 Friedenthal 所说，一个好的模型是需要满足其预期目标的模型[9]。模型必须是完整的，主要从其广度、深度，哪些系统部件需要建模，设计的层次级别，以及决定详细度所需的准确性而言[9]。

基于结构良好的模型概念开展模型评估，其中模型符合赋予标准的构建约束（例如 SysM）或符合所使用的构架框架的构建约束。例如，ISE & PPOOA 具有 SysML 对系统结构图（BDD 和 IBD）施加的构建约束，以及 UML 和 PPOOA 对类图和软件架构的 PPOOA 架构图的构建约束。第 7 章总结了 PPOOA 构建约束（组合和依赖关系）。这些构建或结构约束必须由建模工具[18]强制执行。

在行为模型评估的背景下，主要考虑两组技术：模拟和模型检查。本节的目的不是对系统架构评估提供的所有仿真和模型检查的技术进行概述，而是提供一些说明性示例。

模拟执行 SysM 行为图不足以评估行为，因为模拟只能揭示错误的存在，而不能证明它们不存在。在 PPOOA 的情况下，我们开发了两个工具用于模拟以 UML 表示的行为模型。

第一个称为 PPOOA - Cheddar[19]，因为它将 PPOOA 的方法和工具与 Cheddar 的工具相结合，用于实时系统的模拟和评估[20]。当软件架构师在 PPOOA - Visio 工具中完成软件架构模型后可以执行 PPOOA - XML 插件。该插件执行了系统架构的不同组件以及它们之间依赖关系的识别。该架构在一个 XML 文件中进行描述，该文件用作 Cheddar 工具的输入。Cheddar 提供了一个模拟引擎，允许性能工程师描述和运行架构系统的模拟。模拟进行时，Cheddar 在模拟时间内为每个系统任务确定以下内容，包括抢占任务数量、背景切换次数、阻塞次数和错过的最后期限等。

第二个工具称为架构模型死锁风险评估（DREAM），被开发用于评估实时系统架构模型中的死锁情况。PPOOA 用于表示要评估的软件架构的非平台依赖模型[21]。

模型检查技术允许跟踪行为并根据给定属性的规范提供可靠的评估。虽然可以直接进行结构图的评估，但需要将行为图转化为语义或可计算模型。SysML/UML 活动或状态图被赋予了形式语义。因此，模型检查是对描述行为模型含义的形式语义进行操作，评估包括探索状态空间和检查给定的属性是否成立或失败[22]。

扩展形式，例如基于概率的、定时的自动操作装置和马尔可夫链[23]能够描述指定随机性的、概率性的和/或时间约束性的行为图的语义。

12.3　推荐给读者的后续步骤

在此，我们想给读者介绍一些关于在组织中部署 ISE & PPOOA 方法的建议。所谓组织，我们指的要么是一群工程专业的学生或一群研究中心的研究人员，要么是一家中小型企业（SME）。正是这些团队贡献了本书中的主要示例，如第 8 章基于开发固定翼无人机的中小企业的发展，第 9 章基于机器人研究中心的发展，第 10 章基于大学工程专业学生的最终学位作品。根据这些经验和以前在大公司实施的经验，我们可以弄清部署 MBSE 方法的困难和建议，特别是本书中描述的 ISE & PPOOA 方法。

（1）确定团队的需求

了解当前如何实施系统工程从而确定改进目标是非常重要的。在应用 ISE & PPOOA 实施的案例中，我们发现一些典型的改进目标是与需求流向、功能架构、非功能需求、架构综合以及功能性与物理性接口相关。

这里的主要障碍，是一个组织认为他们自己的产品不需要 MBSE。

（2）计划并执行试点和示范项目

将 ISE & PPOOA 方法应用于试点项目，试点项目的范围也可以是更大系统的子系统（第 8 章和第 9 章示例）。试点项目有助于理解方法论并建立信任。应用 ISE & PPOOA 方法和 MBSE 工具实施试点项目重要的是在实施期间给予指导帮助，这里最重要的问题是在项目试点期间的指导。SysML 符号应尽可能简单，为试点选择的 MBSE 工具应易于使用，最好将主要精力放在对 ISE & PPOOA 方法论的理解上。

主要障碍是专家的指导对于某些组织来说可能很困难或代价高昂。

（3）确定如何将 ISE & PPOOA 过程与组织现有的技术和管理相结合

这里的主要问题是分析组织在产品开发项目中可能面临的各种依赖关系。例如，知识依赖性、开发过程依赖性和产品依赖性[24]。

这一集成过程的主要障碍是项目管理和知识管理成熟度较低的组织，在技术与管理的集成方面可能存在困难。

（4）掌控行动计划

基于现有的组织结构、人员能力和工具创建活动的总体计划，逐步实施 ISE & PPOOA 过程。应牢记人员是主要的关注点，因此对人员的培训和授权非常重要。

主要障碍是对于不了解 MBSE 的一些组织来说，开展必要的培训等需要高额的前期支出，然而该支出将与后期的收益密切相关[25]。

12.4　总　结

本章总结了作者认为对开发复杂产品的系统工程师很重要的主题，但由于本书的范围和篇幅限制，本书的核心章节中并未提及这些主题。这里提供的一些解释和参考资料，将有助于扩展读者对相关主题的深入了解。

　　MBSE 方法在组织中的实施部署始终是一项难题，本章也为读者提供了一些可能有帮助的建议。

参 考 文 献

［1］ Beck，K.，et al.，Agile Manifesto，Agile Alliance，2001.

［2］ Carlson，D.，"Debunking Agile Myths," CrossTalk，The Journal of Defense Software Engineering，May – June 2017，pp. 32 – 37.

［3］ Ebert，C.，and M. Paasivaara，"Scaling Agile," IEEE Software，November – December 2017，pp. 98 – 103.

［4］ Sutherland，J.，The Scrum@Scale Guide，The Definitive Guide to Scrum@Scale：Scaling that Works，Scrum Inc.，2018.

［5］ Schwaber，K.，and J. Sutherland，The Scrum Guide，The Definitive Guide to Scrum：The Rules of the Game，November 2017.

［6］ Ambler，S.，and M. Holitza，Agile for Dummies，Hoboken，NJ：John Wiley & Sons，2012.

［7］ Leffingwell，D.，et al.，SAFe Reference Guide，Pearson Education/Scaled Agile Inc.，2018.

［8］ Douglass，B. P.，Agile Systems Engineering，Waltham，MA：Morgan Kaufmann，2016.

［9］ Friedenthal，S.，A. Moore，and R. Steiner，A Practical Guide to SysML，Burlington，MA：Morgan Kaufmann，2008.

［10］ Blaci，O.，et al.，"Planning for Verification，Validation，and Accreditation of Modeling and Simulation Applications," Proc. of the 2000 Winter Simulation Conference，Orlando，FL：December 2000.

［11］ Engel，A.，Verification，Validation，and Testing of Engineered Systems，Hoboken，NJ：John Wiley & Sons，2010.

［12］ Abreu，F. B.，"The MOOD Metrics Set," ECOOP '95 Workshop on Metrics，1995.

［13］ Basili，V. R.，L. C. Briand，and W. L. Melo，"A Validation of Object Orient Design Metrics as Quality Indicators," IEEE Transactions on Software Engineering，Vol. 21，1996，pp. 751 – 761.

［14］ Briand，L. C.，J，W. Daly，and J. K. Wust，"A Unified Framework for Coupling Measurement in Object – Oriented Systems，' IEEE Transactions on Software Engineering，Vol. 25，January – February 1999，pp. 91 – 121.

［15］ Chidamber，S. R.，and C. F. Kemerer，"A Metric Suite for Object Oriented Design," IEEE Transactions on Software Engineering，Vol. 20，No. 6，June 1994，pp. 467 – 493.

［16］ Churches，N. I.，and M. J. Shepperd，"Comments on 'A Metrics Suite for Object – Oriented Design，' " IEEE Transactions on Software Engineering，Vol. 21，1995，pp. 263 – 5.

［17］ Clements，P.，R. Kazman，and M. Klein，Evaluating Software Architectures：Methods and Case Studies，Indianapolis，IN：Addison Wesley/Pearson Education，2002.

［18］ Fernandez – Sanchez，J. L.，and J. C. Martinez – Charro，"Implementing 'A Real Time Architecting Method in a Commercial CASE Tool，' " Proc. 16th International Conference onSoftware and Systems Engineering (ICSSEA)，Paris，France，December 2003.

［19］ Fernandez, J. L., and G. Marmol, "KR10 An Effective Collaboration of a Modeling Tool and a Simulation and Evaluation Framework," Proc. INCOSE International Symposium, Vol. 18, 2008, pp. 1509 - 1522, doi: 10. 1002/j. 2334 - 5837. 2008. tb00896. x.

［20］ Singhoff, F., J. Legrand, L. Nana, and L. Marcé, "Cheddar: A Flexible Real Time Scheduling Framework," Proc. of the ACM SIGAda International Conference, Atlanta, November 2004, pp. 15 - 18.

［21］ Monzon, A., J. L. Fernandez, and J. A. de la Puente, "Application of Deadlock Risk Evaluation of Architectural Models," Software: Practice and Experience, Vol. 42, 2012, pp. 1137 - 1163, doi: 10. 1002/spe. 1118.

［22］ Debbadi, M., et al., Verification and Validation in Systems Engineering: Assessing UML/SysML Design Models, Berlin: Springer Verlag, 2010.

［23］ Balsamo, S., et al., "Model - Based Performance Prediction in Software Development: A Survey," IEEE Transactions on Software Engineering, Vol. 30, No. 5, May 2004.

［24］ Martinez Leon, C., J. L. Fernandez, and J. A. Cross, "Taxonomy on Product Dependencies for Project Planning," Proc. of the 2018 IISE Annual Conference, K. Barker, D. Berry, C. Rainwater, Eds., 2018.

［25］ Madni, A. M., and S. Purohit, "Economic Analysis of Model - Based Systems Engineering," Systems, Vol. 7, No. 12, 2019.

附录 A SysML 符号

本附录提供了 ISE & PPOOA 方法中使用的 SysML 符号的摘要。

A.1 在 ISE & PPOOA 方法论中使用 SysML

ISE & PPOOA 使用 SysML 及其扩展作为建模语言来表示 ISE & PPOOA 方法论中不同步骤的结果。以下部分中提供了对于这些建模元素和图表的描述以及它们在方法中使用时的解释。有关 SysML 建模语言的详细描述，请参阅文献［1］以及有关如何使用 SysML[2] 的简易说明。Friedenthal 等人[3] 和 Weilkiens 等人[4] 还提供了对 SysML 使用的详细讨论。

表 A－1 总结了在 ISE & PPOOA 的不同步骤中使用的不同 SysML 图和元素，并在全书中引用了相应的图。

A.1.1 ISE & PPOOA 中的 SysML 图

在 SysML 的九类图表中（第 3 章图 3－2），ISE & PPOOA 集中使用了三种：

1）块定义图；

2）内部块图；

3）活动图。

SysML 图包含表示 SysML 模型中的元素（例如活动、构块和关联[1]）的图元素（主要是路径连接的节点）。SysML 中的大多数图表来自 UML[7]。因为 ISE & PPOOA 是在 SysML 之前创始的，所以一些图（例如类图、组件图）是基于 UML 语法体系。但是如果愿意，也可以使用相应的 SysML 图（例如构块定义图）。

UML 和 SysML 图之间最显著的区别是 SysML 图有一个带内容区域、标题和图描述的框架[1]。标题具有以下的语法[2]：

diagramKind ［modelElementType］modelElementName ［diagramName］

图 A－1 显示了构块定义图的图框，它捕获了第 9 章图 9－9 中协作机器人系统的功能层次结构。

表 A - 1　ISE & PPOOA 输出以及使用的 SysML 符号和图表

ISE & PPOOA 步骤和可交付成果	SysML 图	示例图
1 识别操作场景 1)上下文图 2)用例 3)场景	（选修的） 块定义图或内部块定义图 用例图 活动图(可选,在某些情况下以文本形式捕获)	8 - 3, 9 - 3 3 - 2 9 - 4
2.a 具有层次分解的系统功能	块定义图	9 - 1
3.1、3.2 和 3.3 功能架构:功能层次结构	块定义图	8 - 5, 8 - 6, 8 - 7, 9 - 9, 10 - 3
3.3 功能架构:功能流程或行为	活动图	8 - 8, 8 - 9, 8 - 10, 9 - 5, 9 - 6, 9 - 7, 9 - 8, 10 - 4
4.1 分配	块定义图	9 - 13
4.2 模块化架构——结构视图	块定义图 内部块定义图	9 - 10, 9 - 12, 10 - 5
4.4 物理架构——行为视图	具有分配活动分区的活动图	8 - 15, 8 - 16, 8 - 17, 9 - 14
ISE & PPOOA/能量		
步骤 2 功能和物理架构——结构视图	用于功能和物理层次结构的块定义图	10 - 3, 10 - 5
步骤 2 功能和物理架构——行为视图	用于功能流的活动图	10 - 4
步骤 3 物质和能量流	带有项目流的内部块定义图	10 - 6
步骤 4 写出方程、等式和相关性	带约束的块定义图	10 - 7, 10 - 8, 10 - 9, 10 - 10
PPOOA		
1 域模型	UML 类或 SysML 块定义图	9 - 19
2.a.1 软件架构的结构视图	PPOOA 架构图(UML 配置文件)	9 - 20
2.b 软件子系统行为	每个 CFA 的 UML/SysML 活动图	9 - 21, 9 - 22, 9 - 23
2.c 协调机制	作为原型元素添加到 PPOOA 架构图中的协调机制	9 - 20

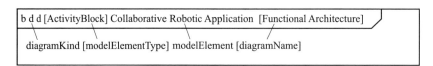

图 A - 1　构块定义图框架示例

A. 2　ISE & PPOOA 结构视点的 SysML

A. 2. 1　块和块定义图

　　ISE & PPOOA 中最常用的 SysML 图是 BDD。SysML "块"对应于 ISE & PPOOA 中的"部分"（第 4 章图 4 - 1），（即系统的构建元素）。BDD 用于传达有关系统结构的信息，例如分解、关联、依赖关系或类型分类①。在 ISE & PPOOA 中，它们主要用于传达分解（例如功能性和物理性层次结构）。SysML 块定义了一个类型[2]，该类型定义了许多特征和属性[5]。也就是说，SysML 块表示构建系统的元素类型，包括物理性的（例如电机、传感器、泵、电子电路）和逻辑性的（例如传感器驱动程序、图形用户界面应用程序）。请注意，有一种特殊的 SysML 块类型②，即 SysML 活动，它在 ISE & PPOOA 中大量用于建模功能，这将在第 A.3 节中讨论。

在 SysML 中，构块可以通过三种关系进行联系：关联、依赖和泛化。

关联（BDD 连接块中的线）是 SysML 中表示系统内结构关系的一种方式，构块属性（作为构块矩形中的分区）是另一种方式 [2]。ISE & PPOOA 的用途主要是：

1）构块之间的复合关联。表示系统的功能性和物理性结构的分层分解。复合关联在 ISE & PPOOA 中被广泛用于功能性和物理性的层次结构。有关示例请参见图 A−2 中的所有复合关联。

2）构块之间的引用关联。以指示构块是相互连接的，并且可以出于某种目的而通过连接来相互访问[2]。ISE & PPOOA 更强调通过端口和流对内部构块图中的连接进行直接建模（参见章节 A.2.2）。

依赖关系传达了这样一种观点，即系统中的一个元素依赖于另一个元素来提供其功能。依赖关系用带箭头的虚线表示。在 ISE & PPOOA 中，可以使用依赖关系，例如在系统模块化架构的 BDD 图中。

然而就像参考关联一样，ISE & PPOOA 强调通过端口和流的连接进行建模，用于精炼架构的内部块定义图，其中依赖关系更好地精炼为所需的界面（示例参见图 8−18）。在 PPOOA 架构图中使用了一种 UML 模式是 "use" 的依赖类型（参见章节 A.5）。

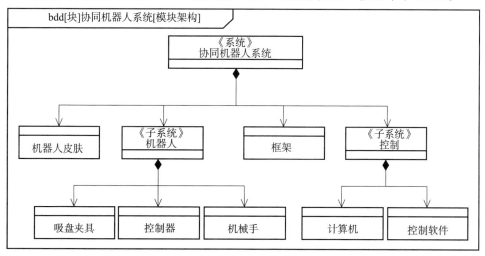

图 A−2　块定义图示例：机器人应用程序的物理架构（第 9 章图 9−11）

---

①　BDD 上显示的模型元素用作出现在其他类型 SysML 图[2]上的其他模型元素的类型。

②　SysML 使用 UML 分析机制来定义特殊类型。例如 SysML 活动是具有模型活动的特殊类型的 SysML 块。

图 A－2 显示了第 9 章中一个协作机器人系统的模块化架构的构块定义图示例。构块显示为带有名称隔间和空属性隔间的矩形（例如 RobotSkin）。

复合关联由复合末端带有黑色菱形的实线表示。零件末端的空心箭头表示单向访问（即块可以访问其组成部分，但该部分不能访问其组合），其中不存在双向访问的表示。在前两个级别的物理层次图中，元素是虚拟的，因此使用一种或另一种符号没有任何结果。较低级别的情况并非如此，其中块对应于实际系统部件，单向或双向访问对设计的解决方案有实际影响。另外，请注意应用于"系统"和"子系统"模型的某些块，它们提供有关性质的附加信息。在 ISE & PPOOA 中建议但不强制使用它们。

A. 2. 2　SysML 内部块图：部件、端口、连接器和流程

SysML 中的内部块图（IBD）是一个块内部结构的视图。在 ISE & PPOOA 中，它用于根据部件和部件之间的连接器捕获物理架构。在 IBD 中，构成部件（SysML 块实例）的 ISE & PPOOA 子部件表示为 SysML 属性部件或简单部件。SysML 部件是一个类型化的槽，实例将在其中发挥作用将由插槽[5] 提供。有关 SysML 块、部件和实例之间区别的详细讨论请参见文献［2，5］。

IBD 上两个部分之间的连接器表明这两个部件将通过某种方式相互访问[2]。可以为连接器指定名称和类型，以添加有关连接两个部件的介质的更多信息。端口指定了部件之间允许的交互类型[1]，通过连接器对一般交互添加限制和规范。

SysML 的流属性指定了在两个部分之间可以通过连接器进行流动的项目类型，而项目流程指定了在特定语境中实际流动的内容[1]。项目流程用实心三角形表示。端口可以用界面类型化，它定义了一套操作和接收，以及一个端口的行为契约。提供的界面用棒棒糖符号表示，而必需的界面使用套接字表示法。端口的建模随着 SysML 语言的不同版本而发展。为简化起见，ISE & PPOOA 建议对最新的 SysML 规范（v1.5）使用代理端口，该规范可以同时考虑流程和操作规范。

图 8－18 显示了一个 IBD，它对第 8 章 UAV 示例中的电气子系统的部件、连接器和流程进行建模。电气子系统操作包括其组成部件（用实边矩形表示，例如电源元件），而参考属性（电气子系统模块外部的结构）用虚线矩形表示（例如航空子系统传感器）。

能量流通过用带有指示能量流方向的箭头的端口和带有流实体的连接器（例如电源元件中的连接器和相关端口）来表示。信息流通过用具有接口和连接器的端口类型来表示，这些接口和连接器具有和指示正在通信的信息相关的项目流（例如，信号分配元件有两个端口用所需界面来发送有效载荷指令和打开/关闭信息，以及另一个提供接收指令界面的端口）。

A. 3　用于 ISE & PPOOA 行为视点的 SysML

ISE & PPOOA 中最重要的 SyML 行为视图是活动图（ACT）。活动图表示随着时间

的推移行为和事件发生的序列[2]，并强调用于协调其他行为的输入、输出、序列和条件[1]。ISE & PPOOA 大量使用活动图而不是其他行为图，例如序列图和状态机图，因为它们是对功能流和系统行为建模的最佳方式。活动图表达了在行为中执行动作的顺序，它们也可以表达分配：活动分区表示哪个结构（部分）执行每个动作（功能）[2]。请注意，活动和活动图不是同义词[2]。活动图通常包含的节点和边对应于模型中的实际元素，它只是一种特定的视图。边连接节点在活动中形成有序序列。有两种类型的边：

1）对象流。当活动执行时，物质、能量或数据实例通过该边从一个节点流向另一个节点。

2）控制流。ISE & PPOOA 中最常用的边，传达活动图中节点的执行顺序。

在 ISE & PPOOA 中，两条边都使用带有开放箭头的实线，因为在 ISE & PPOOA 活动图中，边通常表示控制流。

A.3.1　活动节点

可中断区域由虚线和中断边缘指定，中断边缘连接到表示接受中断的事件行为。表示当中断发生时，执行区域内的节点终止，并且控制流跟随中断边缘而不是跟随终止节点的执行流。

可中断区域包含活动节点。当流通过该区域中指定为中断边缘的区域时（用闪电符号表示），该区域中的所有行为都将终止[7]。

一个例子是第 9 章图 9 - 23 中协作机器人应用程序的"流程订单"活动的因果流。如果在执行产品堆栈的过程中触发（中断）了检测到障碍的事件，则该活动将终止，然后执行取消指令，而不是激活抓手。

A.3.2　控制节点

AD 中的控制节点用于指导活动中的执行流程。初始节点和最终节点标记活动[2]中的起点和终点。初始节点用实心圆圈表示。我们必须区分两种类型的最终节点。流最终节点标记单个控制流的结束，而活动最终节点标记所有控制流的结束（无论它们当前在哪里执行）并且整个活动终止[2]。流最终节点的符号是一个包含 X 的圆圈，活动最终节点的符号是一个包含更小的实心圆圈的圆圈。

决策节点表示活动中的替代流程。符号是一个空心菱形（例如图 9 - 14 中的"空"节点）。合并节点表示活动中替代流的结束，该符号也是一个空心菱形。分叉节点和汇入节点分别表示活动中并发流的开始和结束，两者的符号都是线段。经典 EFFBD 的一些典型构造可以使用控制节点[6]轻松映射到 SysML 活动图上。

第 9 章图 9 - 14 中的活动图提供了使用控制节点的示例。如果在操作过程中，当控制子系统更新产品在栈状态时，拣出的产品在栈是空的（决策节点），则机器人移动到起始位置。机器人皮肤通过视觉 LED 信号通知在栈情况为空，并等待操作员接收就绪信号，操作员负责更换空栈并通过按下机器人皮肤中的一个单元格将其发送给机器人。

请注意，SysML 还包括状态机图。如第 4 章所述，当系统具有操作模式时，在 ISE & PPOOA 中推荐使用状态机图。

A.4　ISE & PPOOA 中的其他 SysML 元素和视图

A.4.1　分配

分配描述了将行为分配给结构元素的方法，因此是交叉关系[2]。在 SysML 中，分配关系可以通过建立交叉关系并确保模型的各个部分正确集成[1]，为模型导航提供有效手段。SysML 提供了最广泛意义上分配的基本功能[1]。SysML 支持不同方式来表示图表上的分配，在分区中作为一种关系，工具供应商通常支持更传统的格式，例如表格。

我们将介绍如何在 ISE & PPOOA 方法中使用 SysML 分配。在 ISE & PPOOA 中，表示分配的最重要的 SysML 媒介是块隔间、分配活动分区和矩阵的使用。矩阵格式在各种建模工具中的实现方式不同，SysML 没有定义特定的格式。它是一种紧凑的格式，以方便显示大量分配。

在第 10 章图 10-6 中可以找到一个使用分配隔间的示例，其中的一部分也在图 A-3 中复制。分配关系也可以表示为带有开放箭头的虚线和应用于其的"分配"模式（图 A-4）。被分配的元素出现在行尾，接收分配的元素出现在行[2]的箭头末端。

分配活动分区是一种将行为分配给结构的机制。行为元素通常是一个动作，结构元素可以是块或部件。在活动分区中放置一个动作表示由活动分区表示的结构元素负责执行所包含的动作。如果结构元素是零件，则意味着该零件负责执行包含的操作。如果它是一个块，则意味着该块的所有实例都执行包含的操作。分配活动分区的一个例子是图 9-23。

A.4.2　用例图

用例图表达了有关系统提供的服务，以及需要这些服务的利益相关者的信息[2]。在 ISE & PPOOA 中，用例图用于在识别操作场景的初始步骤中总结系统范围和涉及的利益相关者（附录 B 第 B.4 节），如图 3-2 所示。用例和场景不是同义词。从头到尾，通过用例的每条执行路径都是一个不同的场景。因此，一个用例由一个或多个场景组成。

A.4.3　约束块和参数图

SysML 约束块允许将工程分析（例如性能和可靠性模型）与其他 SysML 模型集成，识别关键性能参数及其和其他参数的关系，这些参数可以在整个系统生命周期中进行跟踪[1]。在 ISE & PPOOA/energy 中，SysML 约束块用于显示如何约束与系统中物质和能量流动相关的属性。带有约束块的块定义图在 ISE & PPOOA 中称为约束图，显示变量与块或部件感兴趣的值之间的关系或方程。

ISE & PPOOA 不承认使用特定建模工具将约束参数绑定到特定情况从而进行分析。

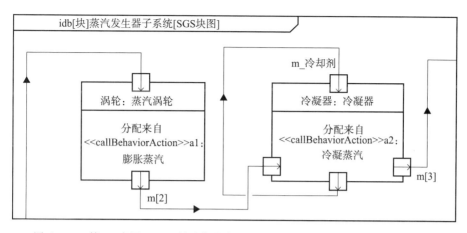

图 A-3 第 10 章图 10-6 所示蒸汽发生器子系统 IBD 中所示部件的分配隔间

SysML 参数图可用于此目的，包括使用一个约束块来约束另一个块的属性，方法是将约束的参数绑定到块的特定属性而为参数赋值[1]。

A.4.4 需求

ISE & PPOOA 需求工程的方法用来管理文本需求和模型需求，以促进需求提取和需求分析。SysML 提供了多种建模构造来表示基于文本的需求并将它们与其他建模元素相关联[1]。例如，需求图可用图形、表格或树结构格式来描述需求。在 ISE & PPOOA 中，首选以表格格式的传统方法以文本形式指定需求。但是，它鼓励在图表上显示需求与其他建模元素的关系，正如 SysML 所支持的那样。SysML 提供需求和模型元素之间的跟踪、细化或满足关系。跟踪需求关系提供了需求和需求之间的通用关系。因此 ISE & PPOOA 建议使用完善和满足关系。第 9 章图 9-15 中显示了一个满足关系的例子，将需求与机器人应用程序物理架构中的元素相关联。

需求模型或规格模型是设计一致需求更严格的方法。ISE & PPOOA 使用以下 SysML 图进行需求建模：用例图、活动图和状态机图（附录 B）。

A.5 SysML 的补充：PPOOA 架构图

正如第 4 章和第 7 章所讨论的，对于软件子系统的架构，PPOOA 使用 UML/SysML 活动图来处理行为视点，但它将软件子系统的结构视图合并成了一个新图——PPOOA 架构图。它是 UML 类图的扩展，其中包含第 7 章中讨论的 PPOOA 组件和协调机制[8]的 PPOOA 模型，并在第 9 章中的机器人示例中使用（图 9-20）。

参 考 文 献

［ 1 ］ OMG，OMG Systems Modeling Language，Version 1.5，technical report，OMG，May 2017.

［ 2 ］ Delligatti，L.，SysML Distilled：A Brief Guide to the Systems Modeling Language，Upper Saddle River，NJ：Addison－Wesley，2014.

［ 3 ］ Friedenthal，S.，A. Moore，and R. Steiner，A Practical Guide to SysML，Third Edition，Waltham，MA：Morgan Kaufmann，2015.

［ 4 ］ Weilkiens，T.，J. Lamm，S. Roth，and M. Walker，Model－Based System Architecture,，Hoboken，NJ：John Wiley & Sons，2015.

［ 5 ］ Douglass B.，Agile Systems Engineering，Upper Saddle River，NJ：Morgan Kaufmann，2015.

［ 6 ］ Bock，C.，"SysML and UML 2 Support for Activity Modeling,"Systems Engineering，Vol. 9，No. 2，2006.

［ 7 ］ Object Management Group，OMG Unified Modeling Language（OMG UML），Version 2.5.1，technical report formal/2017－12－05，Object Management Group，December 2017.

［ 8 ］ PPOOA，Processes Pipelines in Object Oriented Architectures，http：//www. ppooa. com. es

附录 B 需求框架

在用于系统开发的 ISE & PPOOA 方法论中，需求起着基础性作用。特别是各种 ISE & PPOOA 交付物，例如功能和物理架构，主要由需求工程指定，并且在很大程度上取决于这些特定需求或需求集的质量性能。通常，用来表达需求的自然语言可能有歧义，但可以通过使用需求模板或样板，并在对需求进行量化的地方编写清晰准确的需求声明来避免歧义。

在系统工程生命周期中，需求的表达方式各不相同。随着系统通过抽象层次的设计和解决方案的设计，我们期望需求陈述变得越来越具体。用于规范目的的需求建模是一种新的方式，其中图表以标准符号表示。例如 UML 或 SysML，替换或细化自然语言中的文本需求。B.4 节描述了推荐的模型以及如何使用它们来提取或改进文本需求。

B.1 需求、能力和要求

在此，我们将简要解释第 4 章里介绍的在 ISE & PPOOA 方法的概念模型中已经定义的三个主要概念，但要考虑在系统开发过程中如何使用它们。

首先，我们要考虑的任务维度是用户需求，这些需求用描述系统的使用、操作、维护和其他感兴趣交互的任务场景来确定。正如第 4 章所定义的，需求是对"我们试图通过在特定环境中运行的新系统要解决什么问题？"的回答。在这里我们可以称之为运营需求或用户需求。INCOSE 写作要求指南将需求视为以业务语言[1]进行表述的期望。

任务维度中使用的第二个概念是能力。在第 4 章中，能力被定义为在指定的标准和条件下通过组合来执行一组任务的手段和方式。为了便于理解，我们可以将系统的能力概念与人的能力概念进行类比。为了完成复杂的专业任务，员工必须具备特定工作职位，通常需要的一些能力，例如系统思维是系统工程师的能力。同样，系统必须具有以下功能来履行其使命，例如长续航力是执行野火预防任务无人机的一种能力。

根据任务操作语境和场景，工程师将一组特定需求转换为一组应该独立于解决方案的系统功能。每个能力都是系统属性的容器，这些属性可以是系统的质量属性、物理属性、状态或功能。

在第 4 章中，我们将需求定义为对系统或其中部分应展示的属性的声明。INCOSE 需求编写指南将需求定义为将一个或多个需求转换为需求所指的某个实体或单个事物的功能或属性的结果[1]。ISO/IEC/IEEE29148 将需求定义为转换或表达需求及其相关约束和条件的声明。换句话说，约束是对系统需求、设计或实施，或对系统进行开发和修改而强加的外部限制，条件是为需求规定可测量的定性或定量的属性[2]。

B. 2　需求分类

在第 4 章介绍的 ISE & PPOOA 方法的概念模型中，考虑了四种类型的需求：功能需求、状态需求、非功能需求和物理特性。这种分类是根据在设计架构所代表的解决方案中如何考虑这些需求而制定的。通常，功能需求都位于执行相应功能的物理元素之上，但非功能需求不会以相同的方式分配，它们代表系统的紧急属性，因此分配并不总是可能的。我们建议使用如第 6 章所述的启发式方法来实现它们。

在此，我们扩展了图 4-1 中所示的需求类型，并使用了图 B-1 中所示的需求分类，其中还包括接口需求和约束。

行为要求描述了系统或部件在特定条件下必须表现出的行为。行为需求主要是与特定条件下的输出有关的功能需求。在其他情况下，例如反应式系统，行为最好建模为状态和转换，也可以用文本需求声明来表达。

函数经常转换数据，因此需要使用数据需求来补充函数转换数据的一些功能需求。为此建议使用数据字典。我们建议对在数据字典中定义的数据项使用下面总结的 Hatley 和 Pirbhai 符号。数据字典定义了每个数据项，并将其进一步分解，直到识别出终止数据分解的原始项[3]。建议在数据分解中使用以下符号。

＝，表示组成：左边命名的数据项由右边命名的数据项组成。

＋，表示合并：将数据项收集到一个组中。

{ }，表示迭代：大括号括起来的表达式在数据项的给定实例中可以出现任意次数。

[ ]，表示择一：方括号包含两个或多个由竖线分隔的数据项。

( )，表示可选：括号中的表达式可能出现也可能不出现在数据项的给定实例中。

" "，表示字面意思。

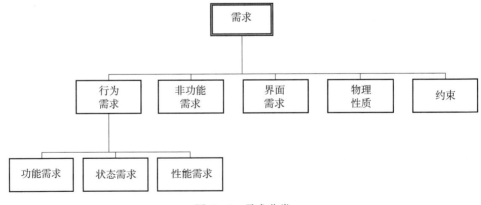

图 B-1　需求分类

性能需求定义了系统或部件以何种程度实现其行为。当指定条件下，功能和性能需求可以进行组合。一些作者将性能视为非功能性需求的一部分，而我们更愿意将其视为行为的一部分，因为性能作为功能是可以分配的。

已知的非功能性需求以及质量属性需求用于指定评估系统运行或演化的标准，而不是指定其特定行为。因此，非功能性需求基于受关注的质量因素，以及这些因素如何被分解为子因素和标准。以下将对指定非功能性需求而提出质量模型进行描述。

接口需求指定系统与外部元素（外部接口）之间或系统元素（内部接口）之间的功能或物理关系。Hooks 和 Farry 将外部接口分为两大类：人机接口与其他接口[4]。物理特性要求用于指定质量、形状、颜色、温度等特性。

约束是一种要求，它是对系统施加的外部限制，它限制了设计解决方案的空间，这些空间可能是技术、法规或环境方面的。

非功能性需求是通过使用图 B-2 中所示的质量模型来指定的，该模型改编自多种来源，例如 ISO9126[5]、用于安全的 Firesmith[6] 和用于回弹的 Jackson 和 Ferris[7]。重要的是，要认识到非功能性需求可以在不同级别应用于整个系统、子系统或其中部分。

下面描述了图 B-2 中质量模型显示的质量属性或质量因素和子因素。质量因素和子因素允许我们提出非如第 B.5 节中所介绍的那样的功能性需求模板或样板。

可靠性被定义为系统或其中部分在不发生故障的情况下执行其功能的程度。可维护性是系统或其中部分被修改的能力。修改可能包括因素的修正、改进以适应环境和需求的变化。可靠性和可维护性分解为如下描述的一些子因素。

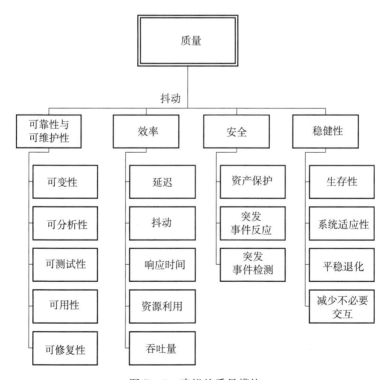

图 B-2　建议的质量模块

可变性是系统或部件能够实现特定修改的能力。可分析性是系统或部件被诊断出缺陷或故障原因的能力。可测试性是系统或部件被验证的能力。可用性是系统在随机时刻启动任务时处于可操作状态的概率。

可修复性是故障或损坏的系统或部件在可接受的时间内恢复到可接受状态的能力。MTTR 定义了修复零件所需的平均时间。ISO9126[5]定义的效率在这里是质量模型中使用的质量因子。效率是系统在规定条件下相对于所使用的资源量而提供性能的能力。效率分解为下面描述的子因素。

延迟是环境中与系统交互的某些物理变化在原因和结果之间的时间延迟。但是，Gregg 定义了资源延迟。例如，对于存储磁盘，延迟作为发送 I/O 请求和接收完成中断之间的时间间隔[8]。

抖动是基于时间的事件响应的不规则性。在反应控制系统中，抖动意味着系统以非周期性方式运行，并且系统的性能相对于预期响应会降低[9]。响应时间与系统在规定条件下执行其任务功能时提供适当的端到端所需的时间有关。

资源利用率是系统在规定条件下执行其任务功能时，系统使用适当数量和类型资源的能力。吞吐量与系统、部件或特定接口能够执行某些输入或输出处理的速率有关。

Firesmith 将安全性定义为预防、识别、应对和适应意外损伤的程度[6]。他确定了四个质量子因素，我们采用了其中三个，第四个子因素在此被视为回弹的一部分。

资产保护是保护有价值资产免受损害的能力。保护的基础是降低危害发生的可能性及其影响。事故检测是系统及时识别安全事故的能力。事件反应性是系统通过报告事件和激活其防护措施对事件做出反应的能力。

稳健一词在心理学、生态学和工程学等领域具有不同的含义。美国政府将稳健定义为适应不断变化的条件并准备承受中断并从中断中快速恢复的能力[10]。Jackson 和 Ferris 将稳健应用于工程系统，这些稳健工程系统能够在遇到威胁时进行重组，通过保留部分或全部功能来抵御威胁[7]。基于 Jackson 和 Ferris 的阐述，我们这里提出的质量模型考虑了以下子因素。

生存能力是系统处理遇到威胁而发生中断的能力。系统适应是系统改变自身以适应威胁的能力。优雅降级是系统即使很大一部分已被破坏或无法运行时依然能够保持有限功能的能力。

减少不需要的交互，也称为隐藏交互。当缺乏整个系统设计或系统架构原则而非缺少组件设计时，就会出现这种交互[7]。隐藏交互是导致各种事故的原因。Jackson 和 Ferris 描述了英国皇家空军报告的 Nimrod 飞机事故，其中燃料管线中泄漏的燃料接触加热管而导致了事故[7]。通过降低系统复杂性来减少不必要的交互。

B.3　系统开发中的需求流向

需求流向是需求工程从业人员面临的最具挑战性的问题之一，在需求规范文件中混合不同级别的需求是从业人员和学生的常见问题。一个有序的需求流向过程是一个同时转换需求和架构设计，并将对它们的开发交错进行的过程，如图 B-3 所示。虽然这种方法同时开发需求规范和架构，但它在迭代过程中将问题维度（规范）与解决方案维度（架构）分开，从而逐步产生更加面向解决方案的或更为详细的需求。图 B-3 总结了我们推荐的方法。从一组高级系统需求开始，系统工程师将它们转换为功能架构和针对不同质量属性和非功能需求的不同质量模型。

系统工程师使用功能分配和启发式设计方法确定主要子系统以及它们之间的接口，通过使用 SysML 的 BDD 和 IBD 图来表示系统架构。对于每个子系统，他们还定义功能性和非功能性需求，随后每个子系统由负责它的团队开发。基于子系统需求，特定团队将这些需求转换为特定子系统的功能架构，然后将确定的功能分配给新的子系统组件。考虑到非功能性需求和约束，将产生每个子系统的精细架构。表示子系统组件及其接口，其他子系统接口，以及外部接口的子系统结构，由 SysML 的 BDD 和 IBD 图进行建模。

为简单起见，图 B-3 仅显示 IBD 图。每个组件都需要指定该组件与其他组件协同工作所需的功能行为、性能和非功能需求。在组件级别上锁遵循的方法取决于组件的类型，例如硬件或软件组件，因此需要使用特定的方法。

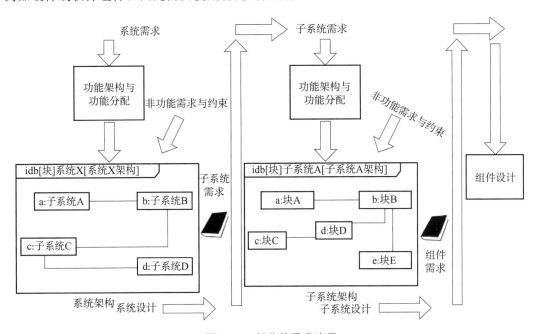

图 B-3　规范的需求流程

对于软件组件，设计可使用第 4 章中阐述的基于 PPOOA 组件的开发过程。软件开发的其他替代方案是敏捷方法（第 12 章），或 Nuseibeh 描述的双峰模型，其中软件需求和软件架构在增量开发中交织在一起[11]。

在图 B-3 中，需求规范使用书本图标表示为文档，但也可以使用下列描述的模型。需求管理工具有助于需求变更和变更影响的分析。例如，在此介绍的一种严格的方法，可确保所有需求都正确地向下传递，并为项目提供如下好处。

1）由于使用了层次结构，所有系统级别的需求都得到了适当的分配。

2）使用 IBD 图可以识别可能的内部接口。

3）由于使用功能性、非功能性以及物理层次结构和分配，促进了需求的可追溯性。

4）功能和质量属性层次结构有助于发现冗余需求。

5）提出的方法有助于确保需求的完整性。

B.4 模型和要求

这里提出用需求工程方法管理文本需求和需求模型，以促进需求提取和需求分析。因此，需求模型或规格模型是更严格的设计一致需求方法。与架构模型或设计模型相反，需求模型试图表示问题维度，而不是由架构模型（如 SysML 的 IBD）定义的解决方案维度。

IREB 需求建模手册[12] 总结了需求建模的多种用途：

1）需求模型取代需求文本陈述；

2）需求模型用于发现需求文本陈述中的不一致或遗漏；

3）需求模型用于细化需求文本以便于理解。

可以在开发项目中添加使用额外的方法，即使用模型来提取或导出需求。这就是分层功能树和功能流的作用，它们允许导出功能需求。各种来源，例如上面引用的 IREB 手册或 Wiegers 和 Beatty 提出了几个主要用于业务分析的需求模型[13]。在此，我们提出了用于系统或产品开发的需求模型，它们是用例图、数据流图、活动图和状态转换图。

用例图显示了系统外部的参与者以及这些参与者与之交互的用例，其功能是从用户或参与者的角度表示的。UML/SysML 符号提供的用例图中的主要建模元素是简笔图表示的参与者，椭圆表示的用例，以及参与者和用例之间的线所表示的关联关系（图 B-4）。

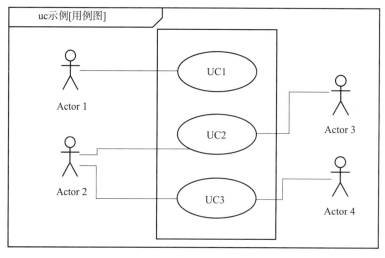

图 B-4 用例图

由于用例表示交互，它们被分解为场景或步骤序列，这些场景或步骤由活动图或由表 B-1 中所示的文本表格形式表示。先决条件是在用例开始之前必须为真实的系统条件。后置条件是用例结束时必须为真实的系统条件。步骤是参与者和实现用例所必需的系统之间的交互。在用例描述表中标识系统将采取哪些可以被转换为功能需求或功能需求陈述的步骤。

　　DFD 也在第 5 章中被一些方法和工具描述用于功能架构建模。DFD 将系统功能架构表示为接受和生成数据项的功能网络。DFD 将终止符或外部实体显示为正方形，将功能显示为与气泡处于同一层次结构，并将数据流表示为它们之间、它们的外部以及进出贮存的箭头。贮存用于表示一组功能操作的集合（图 B-5）。

表 B-1　用例描述

用例名称	
前置条件	
描述	步骤 1
	步骤 2
	步骤 n
后置条件	
替代	步骤 x
	步骤 y
	步骤 z

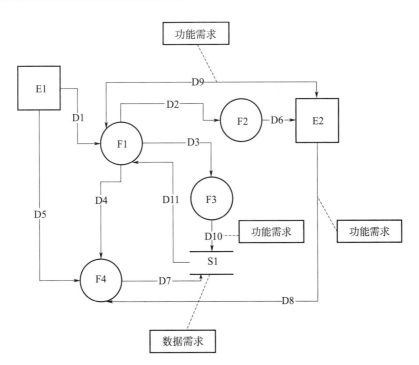

图 B-5　DFD 及功能与数据需求

当使用 DFD 对系统功能建模时，可以使用下一节中介绍的模板来导出功能需求陈述，以指定产生输出的每个转换。类似地，每个复杂数据项和每个数据存储都使用下一节中介绍的数据需求模板以及前面陈述的 Hatley 和 Pirbhay 符号指定。

活动图是表示功能行为的替代方法。SysML 活动图定义了活动中的动作以及它们之间的输入/输出流和控制。换句话说，一项活动分解为一组描述活动如何执行并将其输入转换为输出的动作。活动图也允许建模对象和数据流，如图 B-6 所示。

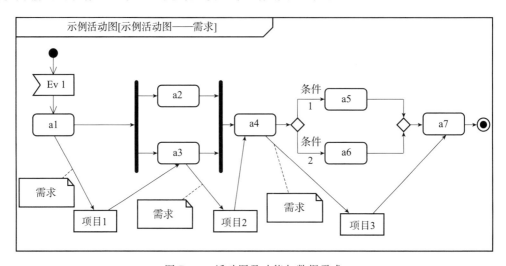

图 B-6　活动图及功能与数据需求

当使用活动图为系统的功能架构建模时，我们可以使用下一节中介绍的模板来表示从每个动作的输出中导出功能需求陈述，以指定产生输出的每个转换。类似地，每个复杂数据项都可使用下一节中介绍的数据需求模板以及前面陈述的 Hatley 和 Pirbhay 符号指定。当使用 N² 图来表示功能接口（第 5 章）而不是在活动图中对数据流和对象进行建模时，可以识别 N² 图中每个功能的输出并从中导出功能需求。

状态转换图或状态机图将系统行为表示为状态而不是功能。第 4 章中状态被描述为当前条件/配置和功能所定义的系统条件。UML/SysML 符号中提供的状态图的主要建模元素是状态、转换、初始状态和最终状态（图 B-7）。当转换通过状态时进入该状态，当转换远离状态时放弃该状态。每个状态可能具有进入和退出的行为，分别在进入或退出状态时执行。此外，一旦进入行为完成，状态可能会执行一个 do 行为。状态由带有其名称的圆角框表示。复合状态或超状态是由两个或多个子状态组成的状态。复合状态由带有特殊复合图标的简单状态图形表示，如图 B-7 中的状态 3。转换显示为两个状态之间的箭头，箭头指向目标状态。这里没有表述的"转换到 self"用箭头的两端连接到相同的状态表示。

文本需求陈述可以从状态图导出，识别每个转换发生所需的条件以及识别作为每个转换结果发生的动作（功能）。状态期间执行的数据处理应作为功能需求导出。

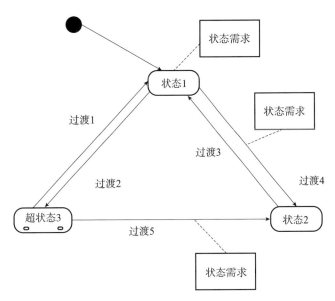

图 B-7　状态图与状态需求

B.5　需求模板

通常，用需求模型补充的自然语言是用来表达需求的。自然语言可能有歧义，但可以通过使用需求模板或样板并在需求量化的地方编写清晰准确的需求声明来避免歧义。为了采用和适应不同的来源，例如 ISO 质量模型[2]、Firesmith[6]、Hatley 和 Pirbhai[4] 以及 Withall[14]，我们提出了以下与图 B-2 中所示的质量模型一致的需求模板，见表 B-2。建议读者根据要开发的系统的质量模型来采用和扩展它们。

B.6　总　结

需求是系统架构过程的主要驱动力。如本附录所示，需求工程和系统架构是两个相互交织的过程，以促进需求分配和需求流动。

此外，通常由文本陈述表示的需求，应该是必要的（基本能力、特征、约束或质量因素）、适当的（需求的细节总量达到适当水平）、明确的（只能用一种方式来表达）、完整的（充分描述满足实体所需的能力、特征、约束或质量因素），以及 INCOSE 编写需求指南[1]中详细描述的其他特征。上述需求特征在本附录中获得了对合格需求流转过程、用需求模型进行需求补充以及使用需求模板等方面的支持。

表 B - 2 需求模板

功能需求	当<条件子句>时,<主语子句>应<动作动词子句><宾语子句><动作约束>
非功能性需求效率响应时间	每个 <系统响应> 的端到端时间应不超过 <可容忍的时间长度> 从 <开始事件> 到 <时间边界结束>［当使用《指示性硬件设置》时］
非功能性需求效率吞吐量	<系统部分> 应以每 <单位时间段> 至少 <吞吐量数量> 的速率处理 <吞吐量对象类型> 事务
非功能性需求——可用性	系统通常应对其用户可用 <可用性范围描述>［除非在频率和持续时间不超过 <容许停机时间限定符> 的特殊情况下］
非功能性需求可维护性-可更改性	开发人员应添加新的系统<功能或质量属性要求>,包括修改和测试,不超过<人员×小时> 的工作量
非功能性需求安全伤害防护	系统对任何人的伤害不得足以要求他/她住院的平均比率大于每<任务持续时间><数量>
非功能性需求安全隐患保护	<功能> 只有在 <相关危险预防条件> 运行时才允许激活
非功能性需求安全事件识别	系统应识别由<功能>激活和<危害预防条件>故障组合引起的安全事件概率至少为<数量>
非功能性需求安全事件报告	系统应至少在<数量>时间报告已识别的安全事件的发生
数据要求	数据＝<原始数据项>＋<原始数据项>＋{<原始数据项>}N＋［<替代原始数据项> ｜ <可选的原始数据项>]＋(<可选的原始数据项>)

参 考 文 献

[1] Ryan, M., et al., "Guide for Writing Requirements," International Council on Systems Engineering (INCOSE), San Diego, California, 2017.

[2] ISO/IEC/IEEE 29148, "Systems and Software Engineering: Life Cycle Processes – Requirements Engineering," ISO, Geneva, Switzerland, IEC, Geneva, Switzerland, and Institute of Electrical and Electronics Engineers, New York, 2011.

[3] Hatley, D. J., and I. A. Pirbhay, Strategies for Real – Time System Specification, New York: Dorset House, 1988.

[4] Hooks, I. F., and K. A. Ferry, Customer Centered Products, Creating Successful Products Through Smart Requirements Management, New York: AMACON, 2001.

[5] ISO/IEC FDIS 9126 – 1, "Information Technology: Software Product Quality, Part 1: Quality Model" ISO, Geneva, Switzerland, 2000.

[6] Firesmith, D., "Engineering Safety Requirements, Safety Constraints, and Safety – Critical Requirements," Journal of Object Technology, Vol. 3, No. 3, March – April 2004, pp. 27 – 42.

[7] Jackson, S., and T. Ferris, "Resilience Principles for Engineered Systems," Systems Engineering, Vol. 16, No. 2, 2013, pp. 1098 – 1241.

[8] Gregg, B., "Visualizing System Latency," Communications ACM, Vol. 53, No. 7, July 2010, pp. 48 – 54.

[9] Lluesma, M., et al., "Jitter Evaluation of Real – Time Control Systems," Proceedings of the 12th IEEE International Conference on Embedded and Real – Time Computing Systems and Applications, 2006.

[10] U. S. Government, National Security Strategy, Washington, DC, 2010.

[11] Nuseibeh, B., "Weaving Together Requirements and Architectures," IEEE Computer, Vol. 34, No. 3, March 2001, pp. 115 – 119.

[12] Cziharz T., et al., Handbook of Requirements Modeling, IREB Standard. International Requirements Engineering Board (IREB), Karlsruhe, Germany, September 2015.

[13] Wiegers, K., and J. Beatty, Software Requirements, Redmond, WA: Microsoft Press, 2013.

[14] Withall, S., Software Requirement Patterns, Redmond, WA: Microsoft Press, 2007.

作者介绍

Jose L. Fernandez 拥有马德里理工大学计算机科学博士学位和航空工程师职称。

作为系统工程师、项目负责人、研究员、部门经理和顾问，他拥有 30 多年的行业经验，参与了大型系统的软件开发和维护项目，特别是空中交通管制、电厂监控和数据采集 (SCADA)、航空电子设备和手机实时应用系统。

20 年来，他一直在马德里理工大学工业工程系担任副教授。其感兴趣的领域主要有系统工程、实时系统、软件工程、CASE 工具和项目管理，是实时系统 PPOOA 架构框架和 ISE & PPOOA 的方法学家。在国际期刊和会议论文集上发表了 50 多篇论文，主要涉及系统工程、软件开发、实时系统和项目管理领域。

他是 IEEE 的高级会员和国际系统工程委员会（INCOSE）的成员，参与了这些协会的软件工程知识体系、系统工程知识体系和需求工程的专家组。此外，他还作为项目管理协会（PMI）的成员，参与了 2017 年第六版《PMBoK》以及 2016 年《需求管理与实践指南》两本书的审稿。

Carlos Hernandez 是代尔夫特理工大学的助理教授，在高级机器人应用的设计和集成方面拥有丰富的经验。2016 年，他领导开发了代尔夫特团队的机器人系统，赢得了亚马逊拣货挑战大赛。

他于 2006 年获得马德里理工大学工业技术、电子和自动化工程专业的学士学位，2008 年和 2013 年先后获得马德里理工大学自动化和机器人专业的硕士与博士学位。

Carlos 目前负责协调 H2020 项目 ROSIN（授权协议编号 732287）。此前，他是"工厂一天"FP7 项目的科研负责人，负责开发灵活机器人组件以降低系统集成成本来实现工厂的机器人化，还参与了欧洲计划 FP7 的 ICEA 和 HUMANOBS 项目，以及认知机器人领域的其他国家级研究项目。目前的主要研究领域包括自主性、基于模型的机器人控制设计工程和自适应系统。在国际期刊和会议发表机器人领域论文 20 多篇。